Alexander Mehlmann

Wer gewinnt das Spiel?

Spieltheorie in Fabeln und Paradoxa

FACETTEN

Univ.-Doz. Prof. Dr. A. Mehlmann
Technische Universität Wien
Institut für Ökonomie, Operations Research und Systemtheorie
Argentinierstraße 8
A-1040 Wien

Alle Rechte vorbehalten
© Friedr. Vieweg & Sohn Verlagsgesellschaft mbH, Braunschweig/Wiesbaden, 1997
Softcover reprint of the hardcover 1st edition 1997

Der Verlag Vieweg ist ein Unternehmen der Bertelsmann Fachinformation GmbH.

Das Werk einschließlich aller seiner Teile ist urheberrechtlich geschützt. Jede Verwertung außerhalb der engen Grenzen des Urheberrechtsgesetzes ist ohne Zustimmung des Verlags unzulässig und strafbar. Das gilt insbesondere für Vervielfältigungen, Übersetzungen, Mikroverfilmungen und die Einspeicherung und Verarbeitung in elektronischen Systemen.

http://www.vieweg.de

Umschlaggestaltung: nach einer Vorlage des Autors
Satz und Abbildungen: der Autor
Gedruckt auf säurefreiem Papier

ISSN 0949-1295
ISBN-13: 978-3-322-85024-9   e-ISBN-13: 978-3-322-85023-2
DOI: 10.1007/978-3-322-85023-2

Alexander Mehlmann

Wer gewinnt das Spiel?

Für **Grace**, meinen allerliebsten Widerpart,
und **Sabrina**, unseren gemeinsamen Spielwert

Bilderrätsel Spieltheorie

das Schachbrett	die Welt
die Schildkröte	das Paradoxon
der Schlüssel	die Strategie
der Würfel	der Zufall
das Schwert	der Konflikt
die Münze	der Nutzen
die Johannisbeere	das Ergebnis

Vorwort

Blödem Volke unverständlich
treiben wir des Lebens Spiel.
Gerade das, was unabwendlich,
fruchtet unserm Spott als Ziel.

Magst es Kinder-Rache nennen
an des Daseins tiefem Ernst;
wirst das Leben besser kennen,
wenn du uns verstehen lernst.

Christian Morgenstern. Galgenberg

Keine andere mathematische Teildisziplin hat die Denkmuster der Wirtschafts- und Sozialwissenschaften und die Methoden der Biologie so verändert wie es (in den 50 Jahren ihres Bestehens) die Spieltheorie vermochte. Soziale Fallen, politische Scheingefechte, evolutionäre Konfrontationen, ökonomische Verteilungskämpfe und nicht zuletzt literarische Streitfälle sind alle ihrem wesentlichen Gehalt nach „Spiele" dieser Theorie.

Dieses Buch wendet sich an Leser, die bereit sind, sich aus dem Blickwinkel einer zugleich formalen wie für die Praxis bedeutsamen Lehre den Konflikten des Lebens, der Wissenschaft und der Literatur zu stellen.

Um den spieltheoretisch nicht vorbelasteten Laien an Aufgabenstellungen, Modellsituationen und Begriffsbildungen heranzuführen, bedarf es keineswegs der Weihen einer höheren mathematischen Ausbildung. Logisches Denkvermögen, das selbst vor unterhaltsamer Rabulistik nicht zurückschreckt, ist durchaus ausreichend, um das Spiegelkabinett strategischer Entscheidungen unbeschadet zu durchschreiten.

Anhand von Formeln, Fabeln und Paradoxa starten wir einen unbeschwerten Ausflug in die Ideenwelt des strategischen Kalküls. Die Stationen dieser Reise untermauern die Mathematik des Konfliktes, legen einen Leitfaden durch das Labyrinth der Lösungskonzepte und entschlüsseln die Mythen der Spieltheorie. Vom Dilemma des Wettrüstens, über das Verhängnis im Internet bis zum Regelwerk des gerechten Teilens spannt sich der Bogen dieser verspielten Einführung in die moderne mathematische Spieltheorie.

Falls es ein Vorbild für dieses Unterfangen gibt, so kann es sich dabei nur um ein Büchlein handeln, das mir — während meiner weit zurückliegenden Studienzeit — Spiel, Strategie und Sattelpunkt nahegebracht: J. D. Williams' [103] ,,*The Compleat Strategyst: Being a Primer on the Theory of Games of Strategy*''.

Jene erfrischende Neigung zum Fabulieren, die einem aus dieser Sammlung entgegenzwinkerte, hat meinen Appetit auf spieltheoretische Exkurse in literarische Bereiche angeregt. Ich lade den geneigten Leser ein, mir auf diesem Weg zum Verständnis der Spieltheorie zu folgen.

Wien, im Juli 1997   Alexander Mehlmann

Danksagung

> He thought he saw the Unicorn, the Virgin's wildest pet,
> He looked again and saw it was a Long Outstanding Debt.
> He wrote and wrote and wrote and wrote— and hasn't written yet.
> **G.K. Chesterton.** An apology for not writing

Ein Buch zu schreiben, ist sicherlich ein Geduldsspiel, manchmal sogar ein Vabanquespiel. Jedoch niemals zur Gänze ein Einpersonenspiel. Mein Dank gilt folgenden (menschlichen und institutionellen) Mitspielern:

- **Bruno Niederle** und **Heinrich Vierhapper**, deren hohe ärztliche Kunst und Empathie mich heil wieder in's Spiel gebracht

- **Erich Lessing** für seine meisterlichen Bilder [66] zur Odyssee, die den Betrachter in die Welt des antiken Mythos versetzen

- **Ulrike Schmickler-Hirzebruch** vom Lektorat Vieweg für den sanften Druck, der mich durch sämtliche Phasen der Manuskriptherstellung hindurch geleitet

- **Maria Dworak** und **Georg Giokas** (stellvertretend für alle Hörer meiner Spieltheorie-Vorlesung) für die wache Neugierde, ohne die kein Spieler auskommen kann

- **Blue Sky Research**[1] für ihr magisches Produkt *Textures 1.8*, das ein zeitloses (Times und Math-Times) Druckbild des Buchmanuskriptes ermöglichte

---

[1] meine Lieblingssoftwarefirma im fernen Portland, 317 SW Alder, OR 97204, Oregon

- **Dov Samet** — spitzfedriger Herausgeber des *International Journal of Game Theory* — für eine postalische Lehrstunde in spieltheoretischer Mythologie

- **Barbara Boock-James** von der Universitätsbibliothek der Uni Freiburg für den Wegweiser (über das Internet) zu Uhlands ,,weißem Hirschen''

- **Gernot Tragler** für die professionelle Ablichtung meiner Vorlage zum Bilderrätsel Spieltheorie

Inhaltsverzeichnis

I Das Glasperlenspiel   **1**

1 Spiele, Forme(l)n und Gelehrte   **6**
1.1   Schere-Stein-Papier   7
1.2   Eine Partie Hackenbush   11
1.3   Die Paladine der Spieltheorie   18

2 Gleichgewicht und Spielmetapher   **23**
2.1   Das Dilemma des Wettrüstens   26
2.2   Denn sie wissen nicht, was sie tun   30
2.3   Die Hirschjagdparabel   37
2.4   Die Stunde der Mutanten   40

3 Im Wald der Spielbäume   **43**
3.1   Der seltsame Fall des Lord Strange   44
3.2   Ein spieltheoretisches Bestiarium   52

4 Spiele gegen die Zeit   **65**
4.1   Duelle und andere Ehrenhändel   66
4.2   Der Fluch der Unumkehrbarkeit   72
4.3   Eine Faustregel für Mephisto   75

II Die Mythen der Spieltheorie   **83**

5 Das Gefangenendilemma   **86**
5.1   Varianten, die wir kannten   86
5.2   Das Turnier der Automaten   92

5.3   Weitsichtige Gleichgewichte   96
5.4   Das Verhängnis im Internet   100

6   Paradoxien der Rückwärtsrechnung   **104**
6.1   Das Markteintrittsspiel   105
6.2   Das Handelsketten-Paradoxon   107
6.3   Das Tausenfüßlerspiel   110
6.4   Das Flaschenteufel-Paradoxon   115
6.5   Rituale des Teilens   117

7   Strategische Akzente der spieltheoretischen Scholastik   **122**
7.1   Den Gegner durchschauen   122
7.2   Die gemeinsame Gewißheit   126
7.3   Wider den Lauf der Dinge   131

8   Odysseus zieht in den Krieg   **134**
8.1   Der Wahnsinn des Odysseus   135
8.2   Das spieltheoretische Modell   137
8.3   Verhaltensstrategische Analyse   139

Ein Nachspiel in Versen   **145**

Anhang A: Spiele im Netz der Netze   **148**

Anhang B: Ein Spiel für Jack the Ripper   **151**

Anhang C: Lehrbücher der Spieltheorie   **155**

Literaturverzeichnis   **156**

Sachwort- und Namensverzeichnis   **164**

Abbildungsverzeichnis

1.1	Schere-Stein-Papier	7
1.2	Das einseitig–kurzsichtige Durchspielen	8
1.3	Ablauf einer Partie Hackenbush	11
1.4	Der Spielbaum der Hackenbush-Partie	12
1.5	Letzte Alternativen im Spielbaum	14
1.6	Reduzierter Spielbaum der Hackenbush-Partie	15
1.7	Points Fiasko	17
2.1	Das Löwe-Lamm Spiel	24
2.2	Wettrüsten als Bimatrixspiel	26
2.3	Beste Antworten im Dilemma des Wettrüstens	27
2.4	Wiederholte Streichung streng dominierter Strategien	29
2.5	Das Chicken-Spiel	31
2.6	Des Zeilenspielers beste Antwort	32
2.7	Beste Antworten im Chicken-Spiel	33
2.8	Wie man ein korreliertes Gleichgewicht erreicht	35
2.9	Die Bimatrix der Hirschjagdparabel	38
2.10	Beste Antworten für die Hirschjagdparabel	39
2.11	Chicken als evolutionäres Spiel	40
3.1	Die Schlacht bei Bosworth (22 August 1485)	45
3.2	Das Spiel um Richards letzten Trumpf	46
3.3	Richards letzter Trumpf — die zugehörige Normalform	47
3.4	Richards letzter Trumpf — Nash-Gleichgewichte	48
3.5	Richards letzter Trumpf — des Boten Mißgeschick	49
3.6	Des Boten Mißgeschick — Normalformdarstellung	50
3.7	Das (trembling-hand) perfekte Gleichgewicht	51
3.8	Kohlbergs Dalek	53

3.9   Daleks (vollständige und reduzierte) Normalform   54

3.10 Vom kleinen Dalekzittern in der Agentennormalform . . .   55

3.11 Wie man in der Normalform zittern müßte   56

3.12 Seltens Pferd mit mythologischen Ausschmückungen . . .   58

3.13 Das spieltheoretische Mächtigkeitsspringen   59

3.14 Von der Mutmaßung zu den Gründen für's Scheitern   . . .   60

3.15 Kein Stein bleibt auf dem anderen   61

3.16 Die Konsistenz des sequentiellen Gleichgewichtes   62

3.17 Das Tausendfüßlerspiel   63

3.18 Rückwärtsrechnung im Tausendfüßlerspiel   64

3.19 Der teilspielperfekte Gleichgewichtspfad   64

4.1   John Waynes Truell-Strategien   69

4.2   Eher die Schwachen überleben — Shubiks Lösung   70

4.3   Der dritte Mann — Gardners Lösung   70

4.4   Truell unter der Sonne — Knuths Lösung   71

4.5   Lestiboudois' Gottes- und Kartoffelacker   72

4.6   Die Teufelswette   76

4.7   Ein Phasendiagramm zu Goethes Faust   80

4.8   Ein Phasendiagramm zu Marlowes Faust   81

5.1   Tuckers Anekdote als Bimatrixspiel   88

5.2   Die Mutter aller Gefangenendilemmas   89

5.3   Maghrebinisches Gefangenendilemma   91

5.4   TitForTat als Moore-Maschine   94

5.5   MeanTitForTat als Moore-Maschine   94

5.6   LeberWurst als Moore-Maschine   95

5.7   TforTwo als Moore-Maschine   95

5.8   Bonnies Züge aus dem Zustand $(0,0)$ 97

5.9   Bonnies letzter Zug   97

5.10 Clyde ist am Zug   98

5.11 Bonnies Entscheidung   98

5.12 Bonnie bleibt im Zustand $(1,1)$ 99

5.13 Versteigerung im Internet   102

6.1   Spielbaum des Markteintrittsspiels   105

6.2 Normalform des Markteintrittsspiels 106
6.3 Rückwärtsrechnung im Markteintrittsspiel 107
6.4 Spielbaum des Handelskettenspiels auf zwei Märkten . . . 108
6.5 Teilspielperfekter Gleichgewichtspfad im Handelskettenspiel 109
6.6 Die Vorgeschichte des 13ten Marktes 110
6.7 Der Tausendfüßler zum zweiten 111
6.8 Vorgeschichte im Tausendfüßlerspiel 111
6.9 Das Dreifüßlerspiel mit Informationsdefizit 112
6.10 Das reduzierte Dreifüßlerspiel 114
6.11 Der Preis der Verdammnis 115
6.12 Salomons Urteil nach einer extensiven Befragung 118
6.13 Das Ultimatumspiel 120

7.1 Den Gegner durchschauen — maghrebinische Variante . . 125
7.2 Die Weltzustände in Littlewoods' Rätsel 129
7.3 Humpty Dumpty oder ein Fall für die Spieltheorie 133

8.1 Odysseus zieht in den Krieg: Spielbaum des Dreipersonen-
    spiels 138
8.2 Die (reduzierte) Drahtzieher-Normalform 140
8.3 Die Kunst der verhaltensstrategischen Analyse 141
8.4 Telemach wird verschont 142
8.5 Telemach wird geopfert 143

Verzeichnis der Kästen

1.1 Die Normalformdarstellung 6
1.2 (Tabellarische) Fingerzeige für Glasperlenspieler 10
1.3 Die Spielbaumdarstellung 13
1.4 (Extensive) Fingerzeige für Glasperlenspieler 17
1.5 Die RAND Hymne 19
1.6 John Forbes Nash 20
1.7 Reinhard Selten 21
1.8 John Harsanyi 21
2.1 Spezialfälle des Löwe-Lamm Spiels 25
2.2 Erweiterte (tabellarische) Fingerzeige für Glasperlenspieler 28
2.3 Bertrand Russells Chicken-Variante 31
2.4 Untergriffe im Chicken-Spiel 34
2.5 Rousseaus Hirschjagdparabel 37
2.6 Die ESS (Evolutionär Stabile Strategie) 41
3.1 Erweiterte (extensive) Fingerzeige für Glasperlenspieler . . 57
4.1 Faust-Mephistophelisches Konsistenztheorem 78
5.1 Die Tuckersche Anekdote 87
5.2 Rapoports Tosca-Paraphrase 90
5.3 Das maghrebinische Gefangenendilemma 91
5.4 Die Lehren des Axelrod-Turniers 92
5.5 Black Adder Online 100
5.6 William Vickrey 103
7.1 Der kakanische Maulwurf 127
7.2 Dogmen der gemeinsamen Gewißheit 129
N.1 The Mad Reviewer's Song 145
A.1 Spieltheoriebücher im WorldWideWeb 149
A.2 Spieltheoretische Facetten 150
B.1 Modellannahmen 153
B.2 Des Rippers Theorem 154

Teil I

Das Glasperlenspiel

Wir lassen vom Geheimnis uns erheben
Der magischen Formelschrift, in deren Bann
Das Uferlose, Stürmende, das Leben,
Zu klaren Gleichnissen gerann.
Hermann Hesse. Das Glasperlenspiel

Als Hermann Hesses „Glasperlenspiel" ([49]) 1943 in der Schweiz erschien, wäre wohl ein jeder verlacht worden, der die Geschichte vom Spiel des Intellekts für mehr als nur eine literarische Fiktion gehalten hätte. Schon wenige Monate später hatte die Geburtsstunde der Spieltheorie die Koordinaten des Wissens verschoben, und die eigenartigen Parallelen zwischen dichterischer und gelehrter Imagination waren bereits erkennbar.

Das Instrument, dessen sich von Neumann[2] und Morgenstern[3] in ihrer grundlegenden Monographie „Spieltheorie und wirtschaftliches Verhalten" ([81]) bedienten, um die geistigen Werte der Menschheit zum Klingen zu bringen, war unbestrittenermaßen die Mathematik. Und dennoch, wenn man die Vorgeschichte dieses Glasperlenspiels durch die Jahrhunderte zurückverfolgt, stößt man an allen Ecken und Enden auf jenen reichhaltigen Schatz an Motiven und Situationen, der — von den unterschiedlichsten Disziplinen beigesteuert — die Entwicklung der Spieltheorie maßgeblich beeinflußt hat.

Traditionelle Historiographen pflegen die knorrigen Wurzeln spieltheoretischer Argumentationen nur bis in die Spielhöllen der Spätrenaissance oder des Frühbarocks zurückzuverfolgen. Aus der Sicht der aleatorischen sowie der kombinatorischen Spieltheorie scheint dies eine durchaus korrekte Rückwärtsrechnung zu sein.

Die ersten wissenschaftlichen Arbeiten über das Glücksspiel können

---

[2]Der Mathematiker **Johann (John,** oder auch **Janós) von Neumann** (1903 in Budapest geboren, 1957 in Washington, D.C. verstorben) wirkte nach einem Studium der chemischen Verfahrenswissenschaften (Zürich) und der Mathematik (Budapest) als Privatdozent in Göttingen, Berlin und Hamburg, und ab 1933 als Professor am Institute for Advanced Studies in Princeton.

[3]**Oskar Morgenstern** (1902 in Görlitz geboren, 1977 in Princeton verstorben) lehrte bis 1938 als Professor der Nationalökonomie in Wien, danach an den Universitäten von Princeton (bis 1970) und New York.

mit Autorennamen aufwarten, die durchaus zur ersten Garnitur der Mathematikgeschichte gehören. Girolamo Cardano und Galilei widmeten ihre Aufmerksamkeit den Chancen und Augen im Würfelspiel. Blaise Pascal und Pierre de Fermat erläuterten in ihrer klassischen Korrespondenz die grundsätzlichen Wett- und gerechten Auszahlungsprobleme des Berufsspielers Chevalier de Méré. Mit Christiaan Huygens [52] ist schließlich der Ausgangspunkt einer Entwicklung erreicht, an deren Ende die heutige Wahrscheinlichkeitstheorie steht.

Bereits im Jahre 1612 errechnete Bachet de Méziriac [73] die Gewinnpositionen eines einfachen kombinatorischen Spiels. Zwei Gegner fügen abwechselnd eine Zahl zwischen 1 und 10 der allseits bekannten Zwischensumme hinzu. Das Spiel beginnt bei 0 und endet für denjenigen Spieler siegreich, der zuerst die Gesamtsumme 100 erreicht. Für die allgemeinste Form dieser Aufgabenklasse, dem sogenannten „Nim''-Spiel, zeigte Moore 1909 ([74]), daß unter gewissen Umständen Nehmen wahrhaft seliger denn Geben ist. Aus diesen ersten, bescheidenen Versuchen entstand der schillernde Apparat der kombinatorischen Spieltheorie.

Waldegrave [101] analysierte im Jahre 1713 ein Umtauschproblem im Kartenspiel „Le Her'', dessen Lösung durch einen festgelegten Zufallsmechanismus bei der Strategienauswahl beschrieben werden konnte. Diese Ergebnisse gerieten in Vergessenheit; nach deren Wiederentdekkung in den sechziger Jahren unseres Jahrhunderts wurden sie als ein erstes Beispiel für das Auftreten gemischter Minimax-Strategien in antagonistischen strategischen Spielen gewertet. Diese neue Kategorie war inzwischen von Émile Borel 1921-1927 in mehreren Arbeiten [15], [16] beispielhaft umrissen worden; unabhängig davon hatte von Neumann 1928 das Minimax-Theorem in der allgemeinsten Form bewiesen [80]. Alles in allem hatten diese Ansätze jedoch kein besonderes Echo ausgelöst.

Es blieb von Neumann und Morgenstern vorbehalten, durch ihre besagte Monographie das Zeitalter der Spieltheorie, wie wir sie heute kennen, nachhaltig einzuläuten. Das bereits im Titel verkündete programmatische Ziel sah die Anwendbarkeit der neuen Theorie nicht so sehr im ursprünglichen Bereich der Spiele, wie auf dem weiten Feld ökonomischer und sozialer Probleme beheimatet. Und in das Stammbuch aller (welch Widerspruch!) modernen Dogmatiker der Spieltheorie sei vor allem der unbeschwerte Umgang beider Autoren mit Entscheidungssituationen eindeutig literarischer Provenienz eingetragen, so wie er in der Analyse der Konfrontation zwischen Sherlock Holmes und seinem ewigen Widersacher Professor Moriarty[4] seinen Ausdruck findet.

Im vorliegenden ersten Teil wollen wir dem interessierten Leser einen übersichtlichen, informellen, und nur im notwendigsten Maße formalen, Rückblick auf die ersten fünfzig Jahre der Spieltheorie ermöglichen. Das Verständnis für Begriffe, Lösungskonzepte sowie Schlußweisen soll anhand von Fabeln, Rätsel und Paradoxa geweckt werden, die überraschend tiefe Einsichten in die Natur strategischen Denkens ermöglichen.

Von den offiziellen Chronisten der Spieltheorie maßlos unterschätzt, haben derartige Beiträge als Weggefährten dieser neuen Disziplin wesentliche Motive vorweggenommen und nicht zuletzt die starren Grenzen einer durchgehend mathematischen Diktion auf spielerische Weise durchlässiger gemacht. So ist es keineswegs verwunderlich, daß sich hinter Seltens (ökonomischem) Handelskettenmodell [95] nichts anderes als das amüsante Quinsche Paradoxon vom Gehängten (siehe [40], [51]) verbirgt. Ja, selbst das ursprünglich von Flood und Dresher entworfene experimentelle Spiel [36] wurde erst in Gestalt der von Tucker erzählten Anekdote — als Idee des ,,Gefangenendilemmas'' — zum überstrapazierten Synonym der sozialen und nuklearen Falle.

Es gibt wohl — in Abwandlung der unsterblichen Worte, die Euklid an Ptolemæus Soter richtete (oder war es Menæchmus an Alexander den Großen?) — keinen Königsweg zur Mathematik des Konfliktes. Der geneigte Leser muß jedoch keineswegs befürchten, auf einen tabellarischen Ablauf festgelegt zu werden oder den scheinbar undurchdringlichen Wald einschlägiger Publikationen vor lauter Spielbäumen nicht zu sehen. Vordringliches Ziel unserer Bemühungen wird vor allem darin bestehen, die faszinierenden Mythen der Spieltheorie zu interpretieren und einen Leitfaden durch das Labyrinth der Lösungskonzepte zu legen.

---

[4]Napoleon des Verbrechens, Professor für Mathematik an kleineren Universitäten, Autor der — aus Mangel an geeigneten Fachreferenten — nie besprochenen, jedoch als meisterlich eingeschätzten ,,Dynamik eines Asteroiden''. Siehe Arthur Conan Doyles *The final problem* in [25] und Abschnitt 7.1 für eine eingehendere Beschreibung des grundlegenden Verfolgungsspiels.

Kapitel 1
Spiele, Forme(l)n und Gelehrte

> Gelegentlich ergreifen wir die Feder
> Und schreiben Zeichen auf ein weißes Blatt,
> Die sagen dies und das, es kennt sie jeder,
> Es ist ein Spiel, das seine Regeln hat.
>
> **Hermann Hesse.** Das Glasperlenspiel

Das wohl einfachste Modell, das zur Darstellung eines nichtkooperativen Spieles[1] herangezogen werden kann, die *Normalform* oder auch *strategische Form* des Spiels, setzt dreierlei Gegebenheiten voraus:

Kasten 1.1: Die Normalformdarstellung

1. Bekanntgabe der Spieler,

2. vollständige Beschreibung der Strategien, die jedem Spieler zur Verfügung stehen,

3. Angabe der Auszahlungswerte[2], die den verschiedenen Spielern für jede mögliche strategische Konstellation zugute kommen.

Aus Gründen der Anschaulichkeit wollen wir vorerst ein klassisches Exempel für die Normalformdarstellung heranziehen.

---

[1]Während im *nichtkooperativen Spiel* das Individuum und seine strategischen Entscheidungen im Vordergrund stehen, kreist das Leitmotiv des *kooperativen Spiels* ständig um die Frage des Nutzens, den eine Gruppe (oder auch *Koalition*) von Spielern gemeinschaftlich erreichen kann, und um die Regeln zur gerechten Aufteilung von Gewinn (oder Verlust) unter den Mitgliedern der Koalition.

[2]Hiermit kommen wir dem klassischen Gesellschaftsspiel-Jargon am nächsten. In neutraler Sprechweise sollte man eher den Begriff *Nutzenwert* verwenden.

1.1 Schere-Stein-Papier

Im Fall des wohlbekannten Kinderspiels Schere-Stein-Papier zeigen zwei Spieler gleichzeitig auf. Die flache Hand steht für das Papier, die Faust für den Stein und die gespreizten Mittel- und Zeigefinger für die Schere. Die möglichen Spielausgänge werden durch folgende Spielregel bestimmt: Schere schneidet Papier, Papier umwickelt den Stein und Stein schleift die Schere.

Spaltenspieler

	0	-1	1
Zeilen-spieler	1	0	-1
	-1	1	0

Bild 1.1   Schere-Stein-Papier

Die Normalform des Schere-Stein-Papier Spiels wird, wie in Bild 1.1 ersichtlich, durch eine einfache Tabelle angegeben, deren Felder die Auszahlungswerte für Sieg (1), Niederlage (-1) und Unentschieden (0) aus dem Blickwinkel des ersten Spielers (des Zeilenspielers) enthalten. Man bezeichnet diese Tabelle auch als die *Spielmatrix* $A = (a_{ij})$ des Spiels.

Schere-Stein-Papier gehört zur Kategorie der Zweipersonen-Nullsummenspiele. Alles was der eine Spieler gewinnt, geht gleichzeitig dem anderen verloren. Bezeichnet man mit $B = (b_{ij})$ die Auszahlungsmatrix des zweiten Spielers, so gilt in einem Zweipersonen-Nullsummenspiel stets $B = -A$.

Schere-Stein-Papier läßt sich außerdem als symmetrisches Zweipersonen-Spiel identifizieren. Für diese Klasse von Spielen kann man die Auszahlungsmatrix B des zweiten Spielers aus der Spielmatrix A durch einfache Spiegelung längs der Hauptdiagonale erhalten, d.h., für jede

7

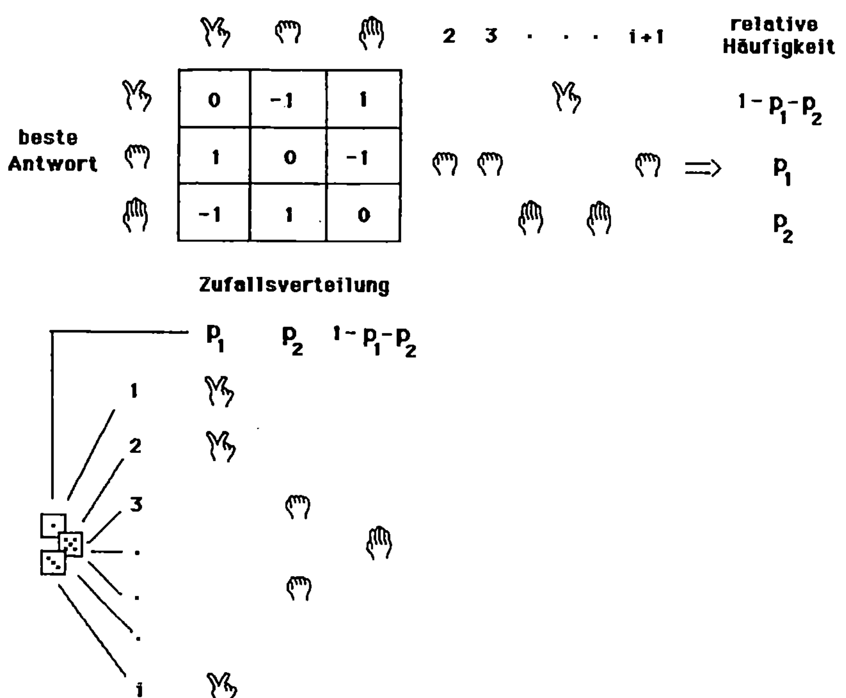

Bild 1.2 Das einseitig–kurzsichtige Durchspielen

Auswahl einer Zeile (Strategie, Aktion) i für den ersten sowie einer Spalte (Strategie, Aktion) j für den zweiten Spieler gilt: $b_{ij} = a_{ji}$. Dieser Sachverhalt wird in Matrixschreibweise durch die Gleichung $B = A^T$ ausgedrückt. In einem symmetrischen Spiel spielt somit ein Rollentausch der (beiden) Protagonisten einfach keine Rolle.

Ein intuitiver Ansatz zur Lösung des Schere-Stein-Papier Spiels läuft auf folgende Überlegung hinaus.

Der Zeilenspieler hat für jede mögliche Aktion des Spaltenspielers eine eindeutige *beste Antwort*[3]. Er kann somit das Spiel stets zu seinen

---

[3]Diese lautet beispielsweise Schere, falls sich der Gegner für Papier entscheiden sollte.

Gunsten entscheiden, dies aber nur unter der Voraussetzung, daß ihm die Aktion des Spaltenspielers von vornherein bekannt ist. Der Spaltenspieler ist somit gezwungen, die Wahl seiner Aktionen zu verschleiern. In einem Spiel, dessen Reiz gerade in der Wiederholung liegt, erfolgt die Verschleierung durch zufällige Auswahl der ihm zur Verfügung stehenden Aktionen. Die Regeln des Spieles bewirken jedoch, daß die Art und Weise, wie die Spieler den Zufall entscheiden lassen, offensichtlich ist.

Der Spaltenspieler möge nunmehr mit den Wahrscheinlichkeiten p_1 nach der Schere und p_2 nach dem Stein greifen. Wäre diese *gemischte Strategie* seinem Gegenspieler bekannt, so würde dieser Schere, Stein, Papier wohl mit den relativen Häufigkeiten $1 - p_1 - p_2$, p_1 und p_2 auswählen. Dieses Ergebnis läßt sich jedoch nicht allein durch ein einmaliges Ausspielen begründen. Wir stellen uns dabei eher einen Zeilenspieler vor, der — wie in Bild 1.2 dargestellt — in der Art eines einseitigen, kurzsichtigen Durchspielens,[4] das sich über eine erkleckliche Anzahl von Runden erstreckt, auf jedes gegnerische Handzeichen jeweils um eine Runde verspätet und dies im Sinne seiner besten Antwort reagiert.

Die gleiche Schlußweise führt wiederum auf eine eindeutige Verteilung der Gestalt p_2, $1 - p_1 - p_2$ und p_1 für die Aktionen des Spaltenspielers. Dieses Ergebnis stimmt jedoch nur dann mit unserer ursprünglichen Annahme über das Verhalten dieses Spielers überein, falls die Beziehungen $p_1 = p_2$ und $p_2 = 1 - p_1 - p_2$ gelten. Nach Adam Riese erhält man somit eine für beide Spieler gültige gemischte Strategie $p^\star = (1/3, 1/3, 1/3)$, die auf ein gleichwahrscheinliches Ausspielen der drei Aktionen hinausläuft.

Welche Eigenschaften kann man nunmehr der Strategie $p^\star$ zubilligen? Keine andere Strategie schneidet gegen $p^\star$ besser ab. Es gibt jedoch auch andere Strategien — so zum Beispiel unter (unendlich vielen) anderen die sogenannten *reinen Strategien* Schere, Stein und Papier — , die sich genauso gut bewähren. Wenn es sich somit in unserem Fall nicht um ein Nullsummenspiel handeln würde, so hätten wir zugegebenermaßen einige Probleme[5], die Spielweise $p^\star$ allein aus statischer Sicht und so-

---

[4]Klassische Lernverfahren der Spieltheorie beruhen eher auf Gegenseitigkeit.

[5]Die Meister der Spieltheorie haben es in bewundernswerter Weise geschafft, die

mit ohne Verweis auf das von uns verwendete fiktive Durchspielen zu begründen.

An dieser Stelle kommt uns jedoch die zweite Eigenschaft dieser gemischten Strategie zupaß. Ein Spieler, der p^* anwendet, erreicht zumindest die *Sicherheitsschwelle* des Spiels. Dieser Wert ist der größtmögliche erwartete Gewinn, der einem Spieler — unabhängig von den Aktionen seines Gegenspielers — stets garantiert werden kann.

Man beachte, daß keine der reinen Strategien, die in p^* mit positiver Wahrscheinlichkeit gespielt werden, (für sich allein genommen) die gleiche Sicherheit gewährleistet. Somit steht unter den besten Antworten auf p^* nur die gemischte Strategie selbst als ,,vernünftige'' Spielweise zur Verfügung.

Die grundlegenden Impulse strategischen Verhaltens, wie wir sie anhand des Schere-Stein-Papier Spieles erprobt haben, werden uns im zunehmenden Maße beschäftigen. Es wäre jedoch voreilig, sie bereits jetzt auf eine eher marktschreierische Weise[6] festzuschreiben:

Kasten 1.2: (Tabellarische) Fingerzeige für Glasperlenspieler

1. Durchschaue Deine Gegner und sei auf der Hut

2. Bleibe nie eine beste Antwort schuldig

3. Spiele das Spiel stets im Geiste durch

---

meisten dieser Probleme durch spitzfindige Interpretationen wegzudiskutieren. Doch hiervon mehr in der Folge.

[6]Die ersten Lorbeeren für die Vermarktung der Spieltheorie als *Vademecum* für Manager müßten wir sowieso anderen [76] überlassen. Besonders gespannt darf man auf die anstehenden Persönlichkeitsveränderungen sein; Handelsherren, die bislang ihre Haut im Sinne der Kriegskunst Sun-tzus (Sunzi in befremdlich deutscher Transkription) [31] oder des *Gorin-no-sho* (Miyamoto Musashis Buch der fünf Ringe) [61] zu Markte trugen, sollten um einiges verspielter wirken.

1.2   Eine Partie Hackenbush

Spiele, die Zug um Zug durchlaufen werden, bedürfen einer anderen Darstellungsweise als das soeben behandelte Schere-Stein-Papier Spiel. In der nachfolgenden Hackenbush-Partie — ein Tribut an die vierbändige Bibel[7] der kombinatorischen Spieltheorie [9], [10], [11], [12] — sind Herr Strich und Mister Point am Werk, die abwechselnd je eine ihrem Namen entsprechende (d.h. strichlierte oder pointierte) Kante eines vorgegebenen und erdverbundenen Graphen entfernen dürfen. Mit jeder entfernten Kante verschwinden ebenfalls alle anderen, die keine Bodenhaftung mehr besitzen. Das Spiel ist beendet und für denjenigen Spieler verloren, der keine Zugmöglichkeit mehr besitzt.

Wir wollen nunmehr eine Notation für Hackenbush einführen, um die im Laufe der Partie erreichbaren Positionen der beiden Spieler besser beschreiben zu können. Wir verwenden einen dreistelligen Code: die erste Stelle wird stets durch einen Buchstaben besetzt, der für den am Zug befindlichen Spieler steht, somit S für Herrn Strich oder P für Mister Point; die zweite Stelle gibt an, welcher Zweig, in der Zählweise von links nach rechts, vom Spieler ausgewählt wurde, um die an der dritten Stelle angeführte Kante, in der Zählweise von unten nach oben, zu entfernen. Falls ein Spieler keinen Zug mehr zur Verfügung hat, werden die letzten beiden Stellen durch die Zahl 0 besetzt.

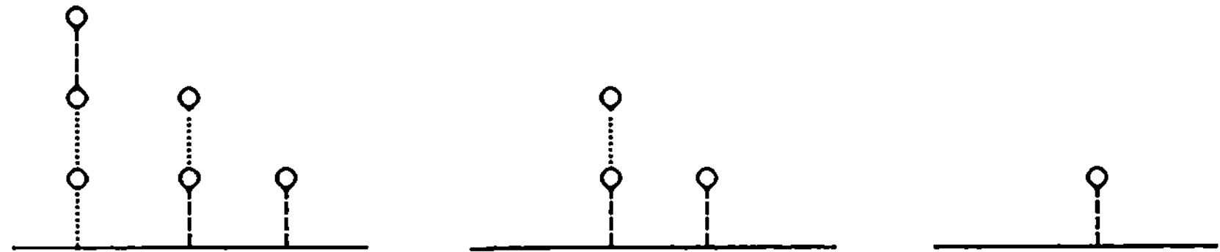

Bild 1.3   Ablauf einer Partie Hackenbush

---

[7]Die Originalausgabe kam noch mit zwei Bänden [7], [8] aus. Im Englischen läßt sich halt das Wesentliche wesentlich kürzer ausdrücken.

Eine mögliche Zugabfolge in unserer Partie könnte nunmehr wie folgt
ausschauen: *P11, S21* und schließlich *P00*. Im Bild 1.3 ist diese Spielentwicklung auf den Punkt gebracht. Dank eines verhängnisvollen Fehlers
zu Spielbeginn, erntet Mister Point eine blamable Niederlage. Um festzustellen, wie und ob dies zu verhindern gewesen wäre, werden wir uns
der *Spielbaumdarstellung* unserer Hackenbush-Partie bedienen.

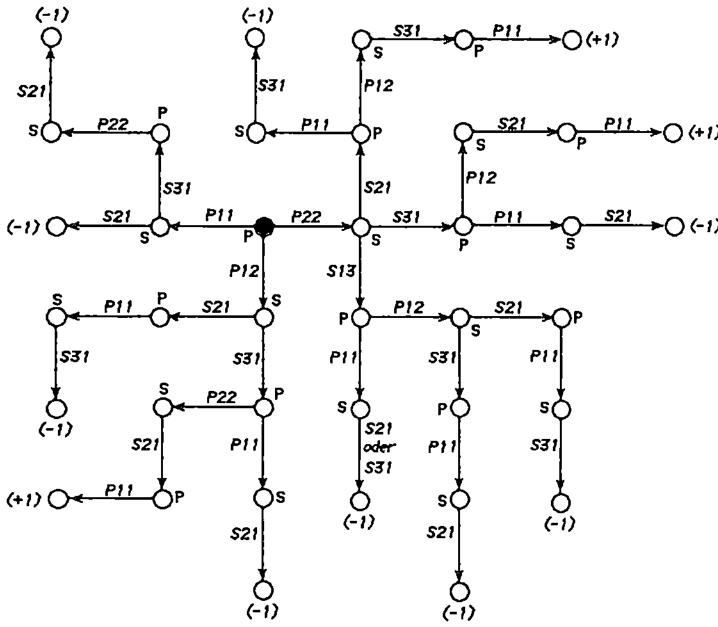

Bild 1.4 Der Spielbaum der Hackenbush-Partie

Das Netzwerk im Bild 1.4 geht vom einzigen schwarzen Knoten, dem
Wurzelknoten, aus. Dieser Knoten wird Mister Point zugeteilt, der in unserer Hackenbush-Partie das Spiel mit seinem ersten Zug eröffnet. Sämtliche Zugvarianten, die Point zur Verfügung stehen, werden nunmehr als
gerichtete Kanten des Spielbaumes verzeichnet, die allesamt vom Wurzelknoten ausgehen. Jede dieser gerichteten Kanten kann nunmehr als
Ausgangspunkt einer eigenen Spielentwicklung gewertet werden.

Da in der Hackenbush-Partie die Spieler abwechselnd ziehen, kommt im jeweiligen Zielknoten der ausgespielten Kante Herr Strich zu seinem Zug. Der Vielfalt der ihm zur Verfügung stehenden Varianten entsprechend, lassen sich neue Kanten diesen Knoten hinzufügen. Steht eine bestimmte Spielentwicklung an ihrem Ende, so wird im betreffenden Endknoten der Sieger des Spieles festgehalten. Es ist dies Point, falls der Nutzenwert $+1$ angeführt wird, andernfalls ist Strich der Sieger.

Hackenbush ist ein Zug um Zug zu spielendes Nullsummenspiel, das im Unterschied zum Schere-Stein-Papier Spiel kein Remis kennt. Die grundlegende logische Struktur seiner Spielbaumdarstellung läßt sich jedoch auch in weitaus komplexeren Spielsituationen wiederentdecken. Es sind dies folgende Regeln:

Kasten 1.3: Die Spielbaumdarstellung

1. *Eine gerichtete Kante im Spielbaum entspricht einem Spielzug und verbindet jeweils einen Start- sowie einen Zielknoten miteinander. Eine Folge gerichteter Kanten beschreibt einen Pfad, falls für jede Komponente (mit Ausnahme der ersten) der Startknoten gleichzeitig Zielknoten ihrer Vorgängerin ist.*

2. *Jeder Pfad des Spielbaumes entspricht einer eigenen (Vor- oder Teil-) Geschichte des Spiels.*

3. *Ein Startknoten, der keine Vorgeschichte aufweist[8], wird als Wurzelknoten[9] bezeichnet. Kann auf einen Zielknoten keine weitere Geschichte erfolgen, so wird er Endknoten genannt.*

4. *Startet ein Pfad im Wurzelknoten und endet er in einem Endknoten des Spieles, so bezeichnet man die zugehörige Geschichte als abgeschlossen. Jeder nicht abgeschlossenen Geschichte wird ein Spieler zugeordnet, der unmittelbar danach (im Zielknoten der letzten Kante) am Zug ist. Jede abgeschlossene Geschichte bestimmt den zugehörigen Spielablauf und legt somit die Auszahlungswerte der Spieler fest.*

---

[8]Für die Mathematiker (unter den Spieltheoretikern) ist dies die *leere Vorgeschichte.*
[9]Es kann nur einen geben! *(Highlander I, II, III)*

5. *Soll der Zufall ins Spiel integriert werden, so definiert man einfach eine zusätzliche Spielerin — Mutter Natur —, deren Aktionen mit festgelegten Wahrscheinlichkeiten den weiteren Spielverlauf bestimmen.*

6. *In jedem Knoten, der den Endpunkt einer bestimmten Vorgeschichte darstellt, kann der am Zug befindliche Spieler unter den ihm zur Verfügung stehenden Zugalternativen auswählen.*

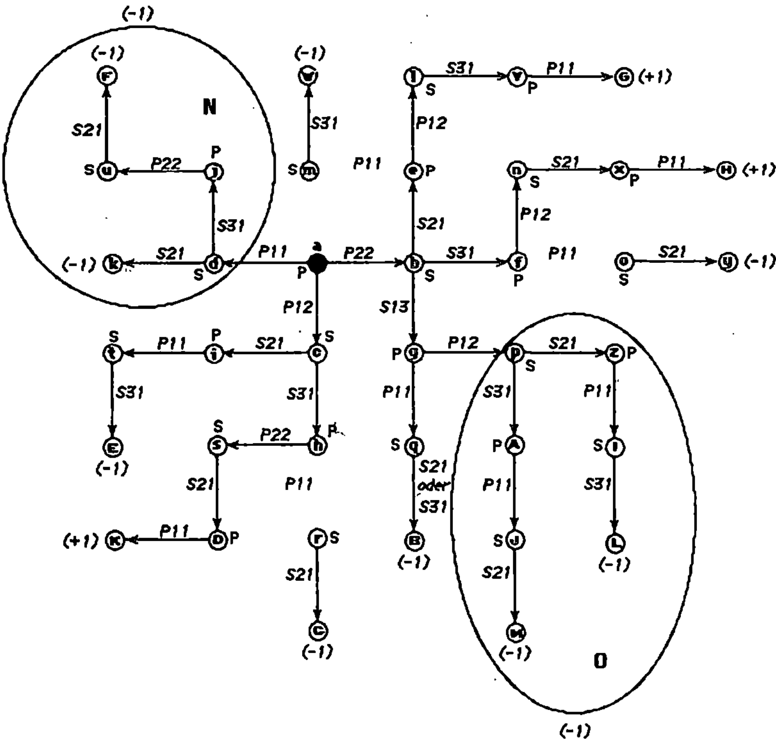

Bild 1.5 Letzte Alternativen im Spielbaum (Aktionen, die keine besten Antworten darstellen, wurden gelöscht.)

Die soeben definierte, auf der Spielbaumdarstellung beruhende, *extensive Form*[10] setzt implizit voraus, daß ein Spieler die gesamte Geschichte kennt, die seiner gegenwärtigen Aktion vorausgegangen ist. Man spricht deshalb auch von einem extensiven Spiel mit *perfekter*, oder auch *vollkommener*, Information.

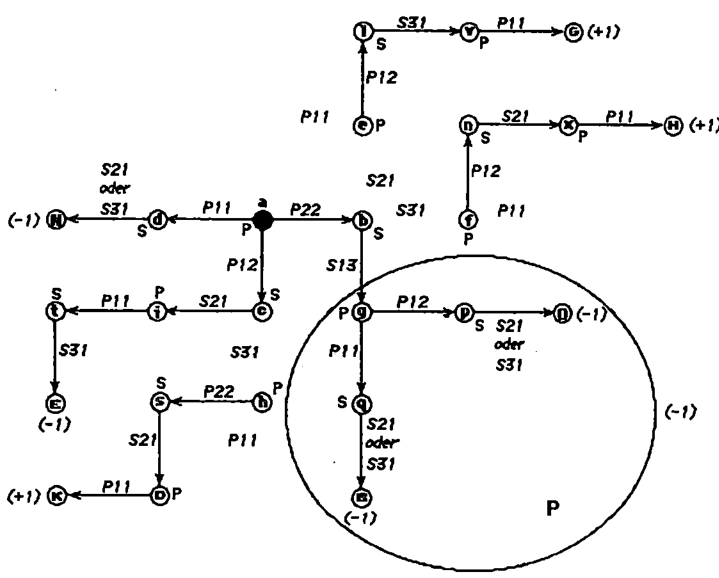

Bild 1.6 Reduzierter Spielbaum der Hackenbush-Partie

Doch nun zurück zu Mister Point und seinen Gewinnaussichten. Um diese richtig einschätzen zu können, werden wir die unterschiedlichen Spielverläufe, von den Endknoten ausgehend, zurückverfolgen. Im Bild 1.5 haben wir vorerst sämtliche Knoten durchbuchstabiert[11] und sodann

---

[10]Die *extensive Form* eines Spiels besteht aus einer detaillierten Angabe der Spielweise, insbesondere der Reihenfolge, in der die unterschiedlichen Spieler ihre Züge zu setzen haben, sowie der Information, die jedem Spieler zum Zeitpunkt seines Zuges zur Verfügung steht. Die Art und Weise, in der das Phänomen Zufall in's Spiel kommt, sowie die Identifikation der Auszahlungswerte, die am Spielende den Spielern zugute kommen, vervollständigen diese Beschreibung.

[11]von innen nach außen und im Uhrzeigersinn, wobei wir gegen Schluß sogar auf

diejenigen Knoten des Spielbaumes aufgespürt, in denen Point und Strich vor der letzten Alternative im Spiel stehen.

Es sind dies die Knoten e, f, h für Point sowie d und p für Strich. Jeder dieser Knoten wird nunmehr als Wurzelknoten eines Teilspiels interpretiert, das weitaus leichter zu lösen ist. So meidet Point in allen drei Knoten sichtlich den Zug $P11$, der in die sichere Niederlage führt. Aus diesem Grunde haben wir die entsprechenden Züge in Bild 1.5 aus dem Spielbaum entfernt. Damit werden (in seltsamer Übereinstimmung mit der ursprünglichen Hackenbush-Regel) auch sämtliche Folgezüge gegenstandslos.

Strich hingegen ist indifferent in der Wahl seiner Aktionen. Was er auch immer in seinen zwei Knoten unternimmt, der Sieg ist ihm gewiß. Aus diesem Grunde lassen sich die entsprechenden Teilbäume durch die Superknoten N und O ersetzen, die als neuentstandene Endknoten des Spiels gewertet werden (siehe Bild 1.6).

Nach erfolgter Reduktion wird die Rückwärtsanalyse für die nunmehrigen letzten Alternativen in den Knoten b, c (Herr Strich) und g (Mister Point) fortgesetzt. Strich kann seine Aktion auf ein zukünftiges Verhalten seines Gegners abstimmen und verhindert dementsprechend das Erreichen eines Teilspieles, das Point bevorzugen würde. Point seinerseits erkennt, das seine Aktivitäten ohne Unterschied zum gleichen Ziel führen, und bleibt indifferent.

Das Resultat dieser Überlegungen erweist sich für Point in der Tat als äußerst unbefriedigend. Falls seinem Widerpart kein Fehler unterläuft, ist die Hackenbush-Partie — wie aus Bild 1.7 zu ersehen — schon vor dem ersten Zug für ihn verloren.

Bemerkenswert ist jedoch, daß ein Aktionsplan eine Empfehlung auch für den Fall einer Vorgeschichte abzugeben hat, die — falls der Spieler seinen Plan tatsächlich anwendet — gar nicht eintreten würde. Derart eigenartige Pläne[12] sind nunmehr als Strategien im extensiven Sinne aufzufassen.

Was die zusätzlichen strategischen Einsichten betrifft, die man dem

---

Großbuchstaben angewiesen waren

[12]Noch eigenartiger als die Pläne selbst, erscheinen manche der gängigen Interpretationen. Mehr darüber in Kapitel 7.

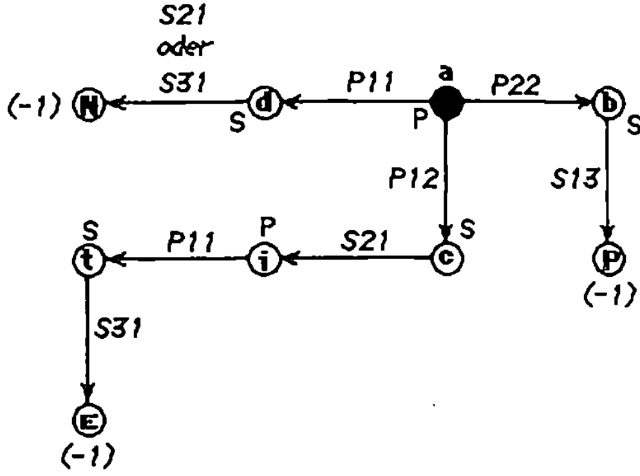

Bild 1.7 Points Fiasko

Hackenbush-Beispiel verdanken kann, so lassen sie sich zu folgenden Regeln zusammenfassen:

Kasten 1.4: (Extensive) Fingerzeige für Glasperlenspieler

1. Blicke stets zurück, um vorauszuplanen[13]

2. Rechne mit dem Unmöglichen; es schließt sich schon von selbst aus[14]

Hackenbush-Spieler werden jedoch, zugegebenermaßen, kaum in die Versuchung geraten, sich einer komplexen Spielbaumdarstellung bei der Einschätzung ihrer Gewinn- oder Verlustpositionen zu bedienen. Die Mathematik kombinatorischer Spiele hat zu diesem Zweck spezielle Ansätze entwickelt (siehe z.B.:[9]), die der Eigenart von Hackenbush besonders entgegenkommen.

---

[13]Womit wir wahrlich Kierkegaardsche Ausmaße erreichen: *Life can only be understood backwards, but it must be lived forwards.*

[14]Selbst der Meister strategischer Winkelzüge, Sherlock Holmes, hat in [24] nur in die andere (logische) Richtung gedacht: *When you have eliminated the impossible, whatever remains, however improbable, must be the truth.*

Die Spieltheorie, hingegen, hat eine ganz andere Sicht der Dinge. Für
sie stehen die interaktiven Verhaltensweisen der Spieler bei der Suche
nach einer Lösung (und erst in zweiter Linie die Lösung selbst) im Vordergrund. Die Vorteile dieser Betrachtungsweise liegen auf der Hand.
Die Methoden der Spieltheorie hängen nicht jeweils von der gerade un-
tersuchten spezifischen Konfliktsituation ab.

Der allgemeingültige Charakter ihrer Aussagen und Konzepte muß
sich jedoch ständig der Kritik der Empirie und des Experiments stellen
und sich nicht zuletzt im Test der breitgefächerten, speziellen Anwen-
dungen bewähren.

Als einer der maßgeblichen Vordenker der Spieltheorie, plädiert Robert
Aumann aus den vorerwähnten Gründen (siehe [2]) für ihre Umbenen-
nung in *Interaktive Entscheidungstheorie*, um überdies den historisch
gewachsenen (auf den Gesellschaftsspielen beruhenden) Spielbegriff,
der in der einschlägigen Literatur nur noch eine geringe Rolle spielt,
auszuräumen. Dieser Haltung läßt sich ein Ausspruch Martin Shubiks[15]
entgegenstellen: *I don't believe any game that can't be played as a parlor
game.*

Zwischen diesen beiden Positionen wollen wir unseren unbeschwerten
Ausflug in die Ideenwelt des strategischen Kalküls fortsetzen.

1.3   Die Paladine der Spieltheorie

> Let others sing of knights and paladins
> In aged accents and untimely words.
> **Samuel Daniel.** Sonnets to Delia

Die mathematischen Facetten der jungen, aufstrebenden Disziplin er-
hielten ihren Feinschliff an den unerschöpflichen Varianten taktischer
Problemstellungen. So künden die meisterlichen Monographien eines
Melvin Dresher [30], Rufus Isaacs [54] und Samuel Karlin [57] von

---

[15]In [97] lassen sich weitere Shubiksche Perlen aus der Schatzkammer der Spieltheorie
bewundern.

Duellen, Verfolgungsspielen,[16] Zermürbungskämpfen und an den Roten Baron gemahnenden *Dogfights.*

Anfang der 50er Jahre hätte es durchaus genügt, sich der Mitarbeiter- und Konsulentenliste der RAND Corporation[17] zu bemächtigen, um ein „Who is who" der Spieltheorie zu erstellen. Der Zeitgeist war im Nullsummendenken verfangen; Dr. Seltsam und seine Mitarbeiter lernten es bei RAND, die Bombe zu lieben. Kein Wunder, daß man dieser Gralsburg der operationellen Forschung[18] selbst das Undenkbare zutraute:

Kasten 1.5: Die RAND Hymne

The RAND Corporation's the boon of the world
They think all day long for a fee.
They sit and play games
About going up in flames
For counters they use you and me. . .

Text und Musik: Malvina Reynolds.© Copyright 1961 Schroder Music Co. (ASCAP). Erneuert 1989 durch Nancy Schimmel.

Mehr über diese RAND-Episode der Spieltheorie erfährt man in [83], einer amüsanten Fundgrube für Geschichten, Biographien und Anekdoten aus der Steinzeit des Glasperlenspiels, der wir auch den Hinweis auf die RAND Hymne verdanken.

---

[16]die zumeist kryptisch beschönigende Bezeichnungen wie „*the lady and the lake*", „*the princess and the monster*" oder gar „*the suicidal pedestrian*" trugen.

[17]Das Akronym RAND steht für R(esearch) AN(d) D(evelopment). In der unmittelbaren Nachkriegszeit von der Air Force gegründet, bestimmten Fragen der nationalen Sicherheit das Forschungsprogramm dieser Gesellschaft. Unter den RAND-Existenzen findet man (unter anderen) die berühmten Namen von Neumann, Nash, Kahn, Karlin, Flood, Dresher, Isaacs, Schelling und Tucker. RAND können historische Verdienste für die Entwicklung der ersten Rechenanlagen und des Internet zuerkannt werden.

[18]Die SIMPLEX-Methode der Linearen Optimierung und die Theorie der Dynamischen Programmierung gehörten zu den ersten Entwicklungen bei RAND. Neuerdings ist das Gebiet des *Operations Research* auf einsame akademische Außenposten angewiesen.

Gegen Ende des Jahrzehnts war die anfängliche Begeisterung, die man der Nullsummentheorie entgegenbrachte, selbst in militärischen Zirkeln einer reservierten Ernüchterung gewichen. Zu diesem Zeitpunkt war jedoch die entscheidende Weichenstellung längst schon erfolgt. Ein blutjunger Student der Mathematik veränderte mit den 27 Manuskriptseiten seiner Doktorarbeit die Richtung, in der sich die Spieltheorie entwickeln sollte. Sein Name war John Forbes Nash.

Kasten 1.6: John Forbes Nash

Am 13ten Juni 1928 in Bluefield, Virginia, geboren, absolvierte Nash seine Studien in Princeton als Schüler Albert W. Tuckers. Über das MIT (Massachusetts Institute of Technology) kehrte er später als Professor nach Princeton zurück. Das Schicksal hatte ihm nur eine geringe Zeitspanne für die schlagenden Beweise seiner erstaunlich vielseitigen mathematischen Begabung gegönnt. Seit 1959 von einer schweren Erkrankung aus dem Gleichgewicht gebracht, kehrte er in immer seltener werdenden Zwischenspielen in die Welt der wissenschaftlichen Forschung zurück. Erst Mitte der 80er Jahre gelang es Nash, die Krankheit zu besiegen und aus ihrer Isolation auszubrechen.

Es war Nash, der die wesentliche Trennlinie zwischen kooperativen und nichtkooperativen Spielen zog; ihm verdanken wir die kooperative Verhandlungslösung [77], den Vorschlag des Nash-Programmes mit dem Ziel kooperative Situationen als Spielregeln eines neu zu definierenden, nichtkooperativen Spiels anzusetzen [79] und letztlich den Entwurf eines universellen Lösungskonzeptes für nichtkooperative Spiele: das *strategische Gleichgewicht* (auch *Nash-Gleichgewicht*[19] genannt).

---

[19]In einem Nash-Gleichgewicht fühlt kein Spieler die Notwendigkeit, sein Verhalten zu ändern, d.h. eine andere als seine (sogenannte) Gleichgewichtsstrategie auszuspielen, da er von den anderen Spielern annehmen kann, daß sie mit ihrer Strategie ebenfalls im Gleichgewicht verharren.

Will man den Einfluß dieser Beiträge auf die moderne mathematische Ökonomie erklären, so kommt man nicht umhin, auf die Leistungen derjenigen zu verweisen, die auf Nashs Fundament [78], [79] das stolze Gebäude der nichtkooperativen Spieltheorie errichteten.

Jedes Spiel in extensiver Form besitzt eine eindeutige Normalformdarstellung. Reinhard Selten wies darauf hin, daß Gleichgewichte der Normalform nicht automatisch als vernünftige Lösungen im dynamischen Sinne angesehen werden können. In seinen Schriften [93], [94] schlug er die ersten Verfeinerungen des Gleichgewichtskonzeptes vor.

Kasten 1.7: Reinhard Selten

Am 10ten Oktober des Jahres 1930 in Breslau geboren, fühlte sich Selten frühzeitig zur Mathematik hingezogen. Die Studienjahre verbrachte er in Frankfurt, wo er bei Ewald Burger seine Magisterarbeit über ein Thema der kooperativen Spieltheorie verfaßte. Nach ersten Arbeiten auf dem Gebiet der experimentellen Ökonomie, etablierte sich Selten binnen kürzester Zeit als einer der innovativsten Forscher der Spieltheorie. Auf Professuren in Berlin und Bielefeld folgte 1984 die Berufung auf den Lehrstuhl für wirtschaftliche Staatswissenschaften, insbesondere Wirtschaftstheorie, der Universität Bonn. Besonders bemerkenswert ist Seltens Neigung zur wissenschaftlichen Kooperation und seine durch zahlreiche Arbeiten auf dem Gebiet der Politologie, der Biologie und der Psychologie erprobte Interdisziplinarität.

John Harsanyi erweiterte die Gültigkeit der Gleichgewichtsanalyse auf die Klasse der Spiele mit unvollständiger Information.[20] Er zeigte in [45], [46] und [47], wie man mittels eines bayesianischen Ansatzes ein Manko an Information in quantifizierbare Ungewißheit[21] verwandeln kann.

---

[20]In derartigen Modellen sind bestimmte Charakteristiken eines Spiels — wie zum Beispiel die Nutzenwerte — nicht allen Spielern zugleich bekannt.

[21]Ein Beispiel für diese Vorgangsweise werden wir in Kapitel 8 kennenlernen.

==

Kasten 1.8: John Harsanyi

*John Harsanyi wurde am 29ten Mai des Jahres 1920 in Budapest geboren.
In den Wirren der Nachkriegszeit mußte er als politischer Flüchtling das
Land verlassen. Der Ausbildung nach Philosoph, studierte er in seiner
neuen Heimat Australien und danach an der Universität Stanford Ökonomie. Er bekleidete eine Professur an der Wayne State University in
Detroit und wurde 1964 nach Berkeley an die University of California
berufen. Zu seinen bedeutendsten Forschungsgebieten zählen die Ver-
handlungstheorie und die nutzentheoretisch begründbare Ethik.*

==

In Anerkennung der bahnbrechenden Arbeiten [78], [79], [93], [94],
[45], [46] und [47], verlieh die Königlich Schwedische Akademie der
Wissenschaften den Nobelpreis des Jahres 1994 für Wirtschaftswissen-
schaften zu gleichen Teilen an Nash, Harsanyi und Selten.

Kapitel 2
Gleichgewicht und Spielmetapher

In battle or business, whatever the game,
In law or in love, it is ever the same;
In the struggle for power, or the scramble for pelf,
Let this be your motto — Rely on yourself!
John Godfrey Saxe. The Game of Life

Unter den 78 unterschiedlichen Spielen, die man simultan, zu zweit und unter Verwendung bloß zweier Aktionen durchfechten kann, lassen sich einige der faszinierendsten sozialen Konfliktsituationen entdecken, die man gemeinhin mit dem Namen der Spieltheorie verbindet.

Wir wollen in diesem Abschnitt drei berühmte soziale Konfliktsituationen und ihre Nash-Gleichgewichte interpretieren. Allen drei gemeinsam ist die Eigenschaft der Symmetrie, die wir schon anhand des Schere-Stein-Papier Spiels kennengelernt haben. Die wesentliche Änderung gegenüber dem Handzeichenspiel liegt in der Nichtnullsummen-Eigenschaft begründet: die Spieler können nunmehr ohne weiteres gemeinsam gewinnen, oder auch gemeinsam verlieren.

Beiden Spielern stehen nur zwei Optionen zur Verfügung: die erste Option — die Löwenstrategie — steht für ein aggressives, nichtkooperatives Verhalten, während die zweite — die Lammstrategie — eine grundsätzlich kooperative Einstellung symbolisiert.

In Bild 2.1 haben wir die Auszahlungswerte, die dem ersten Spieler (Zeilenspieler) für die unterschiedlichen strategischen Konstellationen zugute kommen, festgelegt. Auf Grund der Symmetrie lassen sich die Auszahlungswerte des zweiten Spielers genau wie in Abschnitt 1.1 bestimmen.

Kehrt somit der Spaltenspieler den Löwen heraus, während der Zeilenspieler lammfromm agiert, so entspricht sein Auszahlungswert dem

23

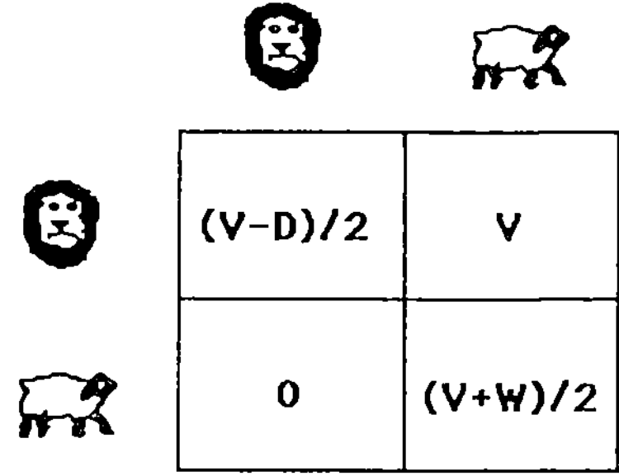

V ... Fitneßzunahme bei alleinigem
Besitz der Ressource
D/2 ... durchschnittliche Fitneßabnahme
im Zuge eines Kampfes
W/2 ... durchschnittliche Fitneßzunahme
bei kooperativem Verhalten

Bild 2.1 Das Löwe-Lamm Spiel

des Zeilenspieler-Löwen, der auf ein Spaltenspieler-Lamm trifft und *viceversa.*

Das Löwe-Lamm Spiel kann — bei dieser Namensgebung kaum verwunderlich — als Metapher für die Evolution dienen. Aus unzähligen Lehrbüchern der Spieltheorie flattert es einem — wenn auch in beträchtlich veränderter tierischer Gestalt — als Falke-Tauben Spiel entgegen. Gründe für die ursprüngliche Benennung mag es viele geben. Sie sind jedoch sicherlich nicht vogelkundlicher[1] Art. Vor allem auf Grund ihrer erstaunlichen Agressivität — so Richard Dawkins in seinem „egoistischen Gen" [28] — sind Tauben kaum als glaubhafte Vorbilder kooperativen Verhaltens anzusehen.

Die evolutionäre Parabel ist im Grunde schnell erzählt. Zwei zufällig ausgewählte Individuen einer Population werden in einen Kampf um eine Beute verwickelt. Der alleinige Besitz dieser Ressource würde die Darwinsche Fitneß[2] des Besitzer um den Wert V erhöhen.

---

[1] Ornithologists know all about the bird, but their nomenclature is absurd. **Ogden Nash**

[2] Wir verstehen darunter die erwartete Anzahl der Nachkommen eines Individuums

Während ein „Lamm" dem „Löwen" die Beute kampflos überläßt, kämpfen zwei „Löwen" sie stets untereinander aus. Bezeichnet $D/2$ den Durchschnittswert, um den die Darwinsche Fitneß im Zuge eines Kampfes vermindert wird, kann ein abgekämpfter „Löwe" mit einem durchschnittlichen Fitneßveränderung von $(V - D)/2$ rechnen. „Lämmer" teilen die Beute streßfrei untereinander auf. Aus diesem Grunde haben sie einen durchschnittlichen Fitneßzugewinn von $(V + W)/2$ zu erwarten. Der Wert $W/2$ kann dabei als durchschnittlicher Fitneßgegenwert der Friedfertigkeit angesehen werden.

Die Spiele, die wir nunmehr untersuchen wollen, lassen sich unter speziellen Parametervorgaben unmittelbar aus der Tabelle des Löwe-Lamm Spiels ableiten.

Kasten 2.1: Spezialfälle des Löwe-Lamm Spiels

1. $V = 4$, $D = 2$ und $W = 0$: Dilemma des Wettrüstens

2. $V = 2$, $D = 4$ und $W = 0$: Chicken-Spiel

3. $V = 4$, $D = 0$ und $W = 6$: (Rousseaus) Hirschjagdparabel

---

Wir verwenden dabei die in der Spieltheorie gebräuchliche Bimatrixdarstellung. Im linken unteren Eck jeder Tabellenzelle tragen wir die Auszahlung des Zeilenspielers, rechts oben die des Spaltenspielers ein. Die vorgeschlagenen Auszahlungswerte bilden keine durchschnittlichen Fitneßveränderungen ab; sie sind nur Ausdruck einer Anordnung[3] der möglichen Spielausgänge nach den Präferenzen des jeweiligen Spielers.

---

der gegebenen Population.

[3]In der Spieltheorie werden kardinale Nutzenwerte vorausgesetzt; sie drücken somit auch aus, um wieviel ein bestimmter Spielausgang einem anderen vorzuziehen wäre. Da es dabei weder auf den Ursprung der Nutzenskala noch auf die Größe der Skaleneinheit ankommt, bewirkt eine entsprechende affine (d.h. positiv lineare) Transformation der Nutzenwerte keine Veränderung des ursprünglichen Spiels.

2.1 Das Dilemma des Wettrüstens

> In England baut man flugs zwei Dreadnoughts mehr.
> Im Oberhause stürmen die Debatten.
> Es hetzt die Presse gegen Deutschlands Heer.
> Erregt kauft ganz Europa Panzerplatten
> **Ludwig Rubiner et al.** Auf Helgoland

Zwei der Kleinsten unter den Großmächten — Liliput und Blefuscu — sind über die wichtige ideologische Frage, an welchem Ende man ein Frühstücksei aufzuschlagen habe, aneinandergeraten. Ein beiderseitiges Abrüsten könnte den bestehenden Konflikt gerade noch entschärfen. Maßgebende Kreise beider Nationen halten jedoch ein einseitiges Abrüsten auf Seiten des Gegners bei gleichzeitiger eigener Aufrüstung für das Gelbe vom Frühstücksei. In Bild 2.2 haben wir jede strategische Konstellation — jeweils aus der Sicht beider Kontrahenten — auf ihre Stabilität hin untersucht.

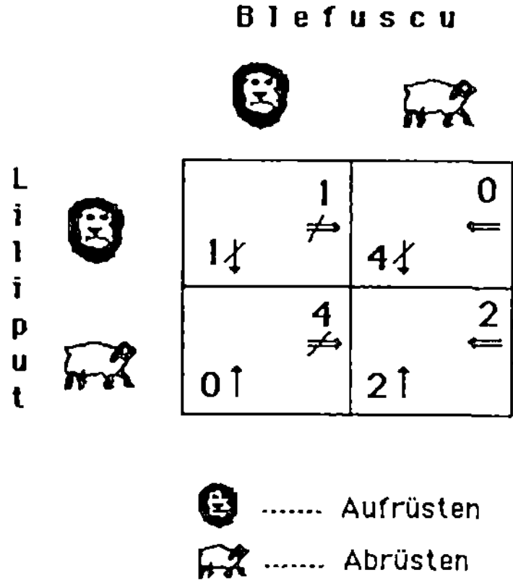

Bild 2.2   Wettrüsten als Bimatrixspiel

Hat eine Nation durch einen Strategienwechsel eine Verbesserung ihres Nutzenwertes zu erwarten, so kennzeichnen wir die entsprechende Zelle der Bimatrix durch einen Pfeil,[4] der in die Richtung des höheren Auszahlungswertes weist. Ist hingegen eine Verschlechterung zu erwarten, so markieren wir die Zelle mit einem durchgestrichenen Pfeil. Spaltenspieler bewegen sich stets in der gleichen Zeile, Zeilenspieler hingegen in der gleichen Spalte der Bimatrix.

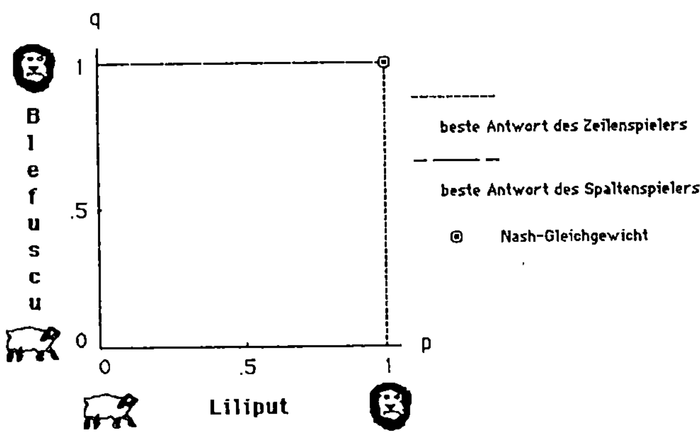

Bild 2.3   Beste Antworten im Dilemma des Wettrüstens

Es gibt einen eindeutigen Spielausgang, für den keine Nation die Notwendigkeit fühlt, eine andere als ihre momentane Strategie auszuspielen, sofern sie annehmen muß, daß ihr Widerpart seine Strategie beibehält. Dieser Spielausgang entspricht dem Nash-Gleichgewicht (Löwe, Löwe), somit einem beiderseitigen Aufrüsten.

Weshalb das beiderseitige Aufrüsten die einzig mögliche Lösung des Konfliktes zwischen Liliput und Blefuscu ist, läßt sich auch wie folgt begründen. Kein Spieler würde abrüsten, da — ungeachtet der gegnerischen Aktion — die zugehörigen Spielausgänge eine niedrigere Auszahlung aufweisen, als die, welche man durch das Aufrüsten erreichen kann. Diese letztere Option ist somit für beide Spieler unter allen Umständen die eindeutig beste Antwort. In Bild 2.3 haben wir diesen Sachverhalt graphisch[5] festgehalten.

---

[4]Ein Doppelpfeil für Blefuscu, die einfache Ausführung für Liliput.

[5]Mit den Wahrscheinlichkeiten p und q entscheiden sich Zeilen- und Spaltenspieler

Man sagt auch, daß aus der Sicht des jeweiligen Spielers die Strategie Aufrüsten (Löwe) die Strategie Abrüsten (Lamm) streng dominiert.[6] (Löwe, Löwe) wird auch als Gleichgewicht[7] in streng dominanten Strategien bezeichnet.

Die einzigen Strategien, die niemals Bestandteil[8] eines strategischen Gleichgewichtes sein können, sind die streng dominierten. Spieler, die sie verwenden, agieren irrational. Unsere Fingerzeige lassen sich somit um ein zusätzliches Verbot ergänzen:

Kasten 2.2: Erweiterte (tabellarische) Fingerzeige für Glasperlenspieler

1. Durchschaue Deine Gegner und sei auf der Hut

2. Bleibe nie eine beste Antwort schuldig

   (a) Verwende nie eine streng dominierte Strategie, da sie kein Bestandteil einer besten Antwort sein kann

3. Spiele das Spiel stets im Geiste durch

Da jeder rationale Spieler den Fingerzeig 2(a) beherzigt, erhält man durch Streichung streng dominierter Strategien eine vereinfachte und lösungsäquivalente Darstellung des ursprünglichen Spiels. Der Streichungsvorgang wird von einem beliebigen Spieler begonnen und danach solange in wechselnder Spielerreihenfolge fortgesetzt, bis keine weitere Reduktion des bereits durch Streichungen vereinfachten Spiels erfolgen kann.

---

für das Aufrüsten.

[6]Falls — ungeachtet der gegnerischen Aktion — die zugehörigen Spielausgänge einer Strategie s höchstens so hohe Auszahlungswerte haben, wie die einer anderen Strategie t, s jedoch von t nicht streng dominiert wird, so spricht man von einer schwachen Dominanz, die zwischen t und s besteht.

[7]Jedes derartige Gleichgewicht ist stets auch ein Nash-Gleichgewicht.

[8]Strategische Gleichgewichte können jedoch durchaus auch schwach dominierte Strategien enthalten.

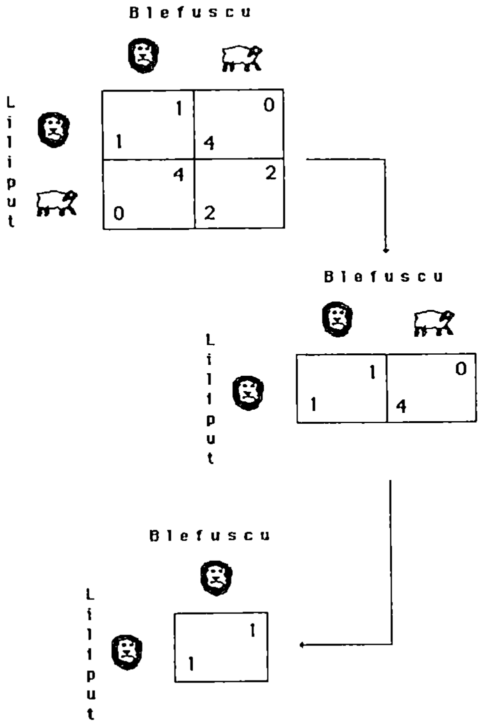

Bild 2.4 Wiederholte Streichung streng dominierter Strategien

In Spielen mit mehr als zwei Optionen kann eine reine Strategie durchaus auch von einer gemischten strikt dominiert werden. Dies muß beim Streichungsvorgang zusätzlich berücksichtigt werden.

Trotz der Eindeutigkeit des Nash-Gleichgewichtes scheint die Welt unseres Bimatrixspiels dennoch nicht ganz in Ordnung zu sein. Schuld daran ist der kooperative Spielausgang (Lamm, Lamm),[9] der für beide Spieler höher als das Gleichgewicht zu bewerten wäre. Kooperation läßt

---

[9]Dieser Spielausgang ist sogar *Pareto-effizient*, d.h. jeder alternative Spielausgang, der von mindestens einem Spieler höher eingeschätzt wird, wird andererseits von mindestens einem der Gegenspieler niedriger bewertet.

sich jedoch nur erreichen, falls die Spieler — in eklatanter Verletzung der Rationalitätsannahme — vom Pfad der besten Antwort abweichen.

Dieses Paradoxon weist unter anderem darauf hin, daß wir mit dem Dilemma des Wettrüstens nur eine der zahlreichen Verkleidungen des Gefangenendilemmas (siehe [84]) untersucht haben. In Teil II werden wir diesen wohl berühmtesten Mythos der Spieltheorie nacherzählen, der die Forscher für eine lange und für die Spieltheorie fruchtbare Weile um Schlaf und Verstand (sprich Rationalität) gebracht.

Das Problem der Rationalität und der sie herausfordernden Paradoxien wird schließlich im Kapitel über die spieltheoretische Scholastik angesprochen.

2.2   Denn sie wissen nicht, was sie tun

> Wenn alle mutig sind, ist das Grund genug
> Angst zu haben.
> **Gabriel Laub.** Denken verdirbt den Charakter
>
> Was wäre der Held ohne den Feigling?
> **Werner Mitsch.** Hin- und Widersprüche

In *Rebels without a cause*[10] stellt James Dean einen wohlstandsverwahrlosten Teenager dar, der zu einem tödlichen Wagenrennen herausgefordert wird. Die zwei Widersacher rasen in entwendeten Amischlitten auf einen Abgrund zu. Verlierer (*chicken*, Feigling) ist derjenige, der sich als erster aus dem fahrenden Fahrzeug fallen läßt. Auf Zelluloid wird Dean von seinem Widerpart übertrumpft, dessen Lederjackenärmel sich jedoch im Türgriff verhakt und seinen Träger mit in die Tiefe reißt.

Eine adäquate Übersetzung dieser Bedingungen würde auf ein sogenanntes Timing-Spiel[11] führen. Der Philosoph Bertrand Russell ver-

---

[10]Der deutsche Verleih hat sich dankenswerter Weise für den ratlosen Titel: „Denn sie wissen nicht, was sie tun" entschieden. Kam den Verantwortlichen etwa das Problem der Gleichgewichtsauswahl im Chicken-Spiel in den Sinn?

[11]Die wohl — im Sinne des letzten *fin de siècle* — romantischsten Timing-Spiele sind die Duelle. In Abschnitt 4.1 werden wir (gänzlich ohne mathematische Sekundanten) in

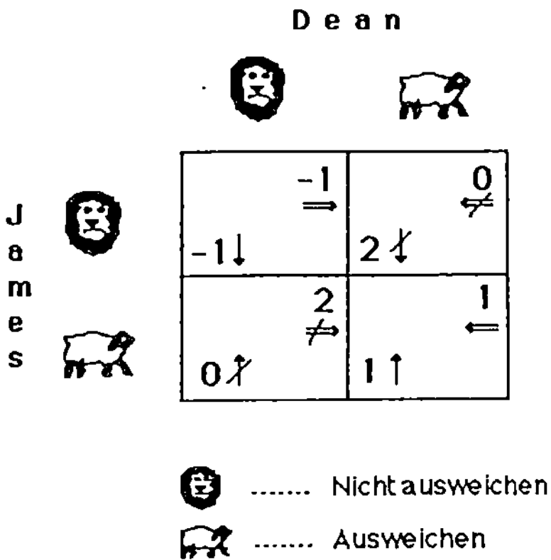

Bild 2.5   Das Chicken-Spiel

wendete eine weitaus einfachere Variante als Metapher für das nukleare Gleichgewicht des Schreckens.

Kasten 2.3: Bertrand Russells Chicken-Variante

Auf einer für den allgemeinen Verkehr gesperrten Landstraße rasen zwei Fahrzeuge aufeinander zu. Beide Fahrer steuern ihren Schlitten in der Straßenmitte auf Kollisionskurs. Verlierer (chicken, Feigling) ist derjenige, der als erster ausweicht.

In Bild 2.5 haben wir diese Variante als Bimatrix–Spiel formuliert. Die Bewertung der Spielausgänge ergibt folgende (symmetrische) Skala: überlebender Held, genauso feig wie der andere, Feigling (jedoch am Leben), toter Held.

---

derartige Ehrenhändel verwickelt werden.

Eine Stabilitätsanalyse mittels der uns bereits vertrauten Pfeildiagramme ergibt zwei Spielausgänge, für die kein Spieler die Notwendigkeit verspürt, als einziger seine gegenwärtige reine Strategie zu ändern. Doch sind dies wirklich die einzigen strategischen Gleichgewichte unserer Bimatrix? Überall dort wo Dominanzkriterien das vorliegende Spiel nicht vereinfachen können, läßt sich diese Frage durch die Herleitung der Reaktionsfunktionen[12] beantworten. Wegen der Symmetrie des Chicken-Spiels genügt es, sich die besten Antworten des Zeilenspielers vorzunehmen.

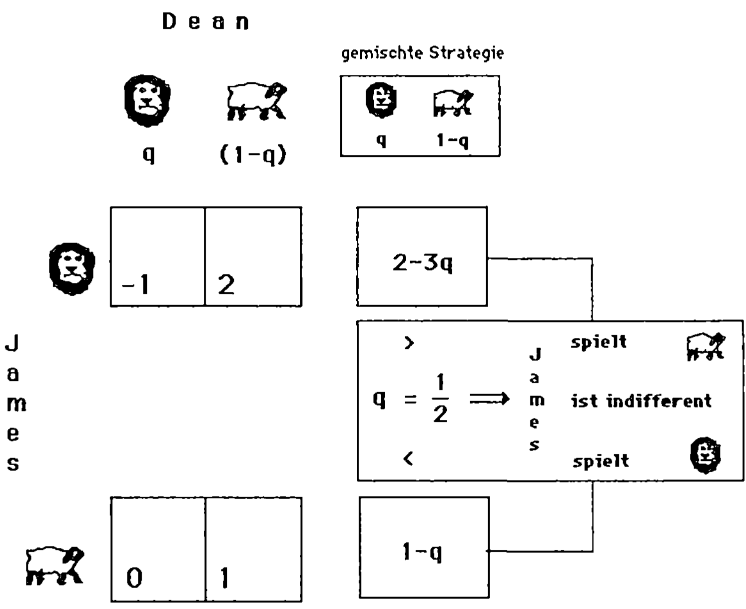

Bild 2.6 Des Zeilenspielers beste Antwort

Es sei nun q die Wahrscheinlichkeit, mit der sich der Spaltenspieler für die Heldenrolle (Strategie „Löwe") entscheidet. Welche Optionen hat nunmehr der Zeilenspieler? Wählt er die reine Strategie „Löwe",

---

[12]Wir werden in Hinkunft den Begriff Reaktion als Synonym für die beste Antwort verwenden.

so beträgt sein erwarteter Nutzen: $(-1) \times q + 2 \times (1 - q) = 2 - 3q$; andernfalls führt seine reine Entscheidung für die Rolle des Feiglings auf einen Nutzenwert von: $1 - q$.

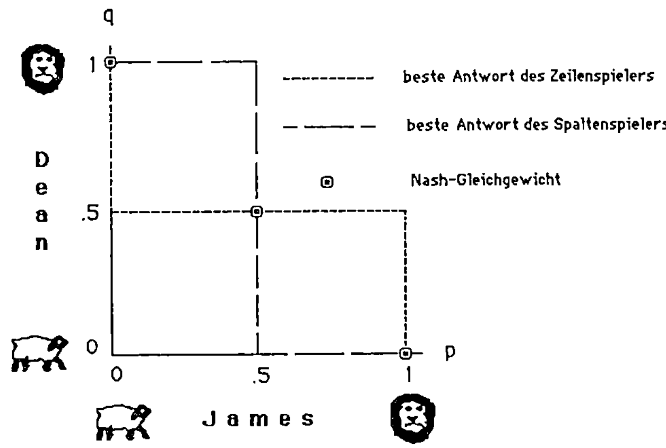

Bild 2.7 Beste Antworten im Chicken-Spiel

Ein rationaler Spieler wird stets im Sinne seiner besten Antwort reagieren und sich dabei für die nützlichere Strategie entscheiden. Diese ist „Lamm" für $q > 1/2$; für $q < 1/2$ hingegen „Löwe". Nur für den Wert $q = 1/2$ geht die Eindeutigkeit der besten Antwort verloren. Der Zeilenspieler ist zwischen seinen beiden reinen Strategien indifferent; ja, er erreicht mit jeder gemischten Strategie den gleichen erwarteten Nutzenwert. In Bild 2.6 haben wir die Überlegungen, die zur besten Antwort des Zeilenspielers führen, ausführlich dargelegt. Der Spaltenspieler reagiert dementsprechend in Abhängigkeit von der Wahrscheinlichkeit p, mit der die Heldenrolle vom Zeilenspieler verkörpert wird.

Eine Gegenüberstellung der besten Antworten im Chicken-Spiel erfolgt in Bild 2.7. Die Schnittpunkte der beiden Reaktionskurven stellen sämtliche Nash-Gleichgewichte[13] des Spieles dar. Zusätzlich zu den bereits bekannten Gleichgewichten in reinen Strategien läßt sich ein sym-

---

[13]Jedes Bimatrixspiel (endlicher Dimension) besitzt zumindest ein Nash-Gleichgewicht (in gemischten Strategien). Die Anzahl der Gleichgewichte in einem Bimatrixspiel ist (bis auf nicht-generische Ausnahmen) stets ungerade.

metrisches Gleichgewicht in vollständig gemischten Strategien nachweisen.

Wissen die Spieler im simultan zu spielenden Chicken-Spiel denn wirklich, was sie tun? In den asymmetrischen Gleichgewichten ist der Held stets darauf angewiesen, daß sein Gegenspieler die Rolle des Feiglings übernimmt. Wie kann er sich jedoch dessen sicher sein? Das symmetrische Gleichgewicht setzt dagegen voraus, daß ein Spieler seine Strategie — ohne daß der Gegenspieler hiervon Kenntnis erlangt — durch einen Münzwurf auswählt. Dies mag zwar *cool* sein, jedoch kaum effizient.

Was Wunder, daß die maßvollen Adepten der Spieltheorie für eine Verlagerung etwaiger Koordinationsbemühungen in das (nichtexistente) Vorspiel votieren. Herman Kahn hat in seinen Beschreibungen des Chicken–Spiels als Metapher für Konfrontationen des thermonuklearen Zeitalters [55], [56] einen wahrhaft atemberaubenden Untergriff entworfen.

Kasten 2.4: Untergriffe im Chicken-Spiel

Wir befinden uns in der letzten Phase des Wettrennens. Dean kann schon seinen Gegner erkennen, wie er in halsbrecherischem Tempo auf ihn zurast. Noch drei, zwei Minuten bis zum fatalen Zusammenstoß. Plötzlich kurbelt James sein Seitenfenster hinunter und wirft weithin sichtbar sein Lenkrad aus dem Wagen.

Ein Held ist geboren. Das Signal ist schlechthin überzeugend. James kann nun beim besten Willen nicht mehr ausweichen. Doch was passiert, wenn sein Zwilling Dean sich — dem gleichen Grundeinfall folgend und im gleichen Sekundenbruchteil — ebenfalls seines Lenkrads entledigt?

Untergriffe, Drohgebärden, leeres Geschwätz[14] können in der Vorspielphase nur dann ernstgenommen werden, wenn sie als gültige Regeln eines erweitertes Spiel definiert sind. Im Prinzip beruht auch Robert Aumanns

---

[14]in der spieltheoretischen Literatur als *cheap talk* bezeichnet.

metaphysisch angehauchtes Konzept eines *korrelierten Gleichgewichtes* [1] auf eine derartige Erweiterung.

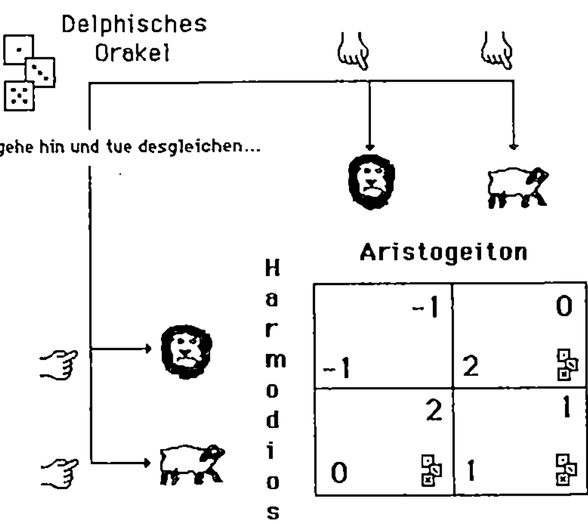

Bild 2.8   Wie man ein korreliertes Gleichgewicht erreicht

Die Spieler würden in einem solchen Falle die Kontrolle über das Spiel völlig aus der Hand geben. So könnten im *ornitheios*-Spiel[15] die mißratenen Teenager Harmodios und Aristogeiton — kurz bevor sie in ihre Streitwagen einsteigen — das Orakel von Delphi befragen. Beide wissen, daß Pythia jeweils gleich wahrscheinlich einen der drei (im Bild 2.8 mit dem Würfelzeichen) markierten Spielausgänge ausgewählt hat. Das Orakel bleibt jedoch — wie gewöhnlich — äußerst vage und teilt jedem Spieler insgeheim nur die reine Strategie mit, der er sich gefälligst bedienen sollte.

Werden Harmodios und Aristogeiton den Weisungen des Orakels[16] folgen? Wenn sie es tun, dann sicherlich nicht aus Angst vor den Göttern, oder weil es in ihrem Horoskop steht. Der beste aller Gründe ist ein spieltheoretischer: sie tun es, weil es rational ist, es zu tun.

---

[15]*ornitheios* = altgriechisch für Huhn.

[16]In Chicken-ähnlichen Verhandlungssituationen, wie z.B. zwischen Gewerkschaft und Eigentümervertreter, kann die koordinierende Rolle eines Orakels von einem Mediator oder einer Schlichtungsstelle übernommen werden.

Wurde Harmodios die „Löwen" Strategie anempfohlen, dann weiß er mit Sicherheit, daß sein Gegner die Rolle des Feiglings verkörpern soll. Er wird somit dem Orakel gehorchen. Lautete der Orakelspruch hingegen auf „Lamm", so trifft Harmodios jeweils mit Wahrscheinlichkeit 1/2 auf einen Löwen oder auf ein (anderes) Lamm. Sein erwarteter Nutzenwert von $0 \times (1/2) + 1 \times (1/2) = 1/2$ läßt sich jedoch durch einen Strategienwechsel nicht verbessern. Auch diese Anweisung wird somit respektiert. Als höchst erfreuliches Resultat dieser Folgsamkeit steht jedem Spieler ein erwarteter Nutzen von $2 \times (1/3) + (1/2) \times (2/3) = 1$ ins Haus; doppelt soviel wie im symmetrischen Nash-Gleichgewicht.

Dies alles ändert jedoch nichts an der Tatsache, daß für die ursprüngliche Spielformulierung nur die drei Nash-Gleichgewichte als Lösung in Frage kommen. Evolutionäre Argumente, wie wir sie in Abschnitt 2.4 kennenlernen werden, verwerfen jedoch die asymmetrischen Gleichgewichte und legen uns nahe, das symmetrische Gleichgewicht in gemischten Strategien als die Lösung des Spiels zu betrachten.

In der Tagespolitik haben die asymmetrischen Gleichgewichte durchaus ihre Bewährungsprobe abgelegt. Auf dem Höhepunkt der Kuba–Krise ist der Zil–Fahrer Chruschtchew dem in bester Halbstarkenmanier (in einem Lincoln?) heranbrausenden Kennedy einige Sekunden vor dem Big Bang ausgewichen. In diesem Zusammenhang muß man sicherlich dafür dankbar sein, daß die Prinzipien der Spielwiederholung oder des Nash-Gleichgewichtes in gemischten Strategien nicht zur Anwendung gelangten.

2.3   Die Hirschjagdparabel

Es gingen drei Jäger wohl auf die Birsch,
Sie wollten erjagen den weißen Hirsch,
Sie wollten erjagen den weißen Hirsch.
Husch husch! Piff paff! Trara!
Ludwig Uhland. Der weiße Hirsch

Jean-Jacques Rousseau — einer der einflußreichsten Vertreter der politischen Philosophie des 18ten Jahrhunderts — hat in seinem Diskurs über den Ursprung der Ungleichheit folgendes Gleichnis vom Zwiespalt zwischen den individuellen Zielen und dem gemeinschaftlichen Willen entworfen:

Kasten 2.5: Rousseaus Hirschjagdparabel

Im Verlauf einer Jagd ist es einer Gruppe von Jägern gelungen, einen Hirsch sowie mehrere Hasen einzukreisen. In die Enge getrieben, versuchen die Tiere gleichzeitig auszubrechen. Jeder Jäger steht nunmehr vor der Wahl, entweder die Hasen entkommen zu lassen und gemeinsam mit den anderen, den Ausbruch des Hirschen zu verhindern, oder sich nach dem nächstbesten Hasen zu bücken und dabei vom edleren Wild übersprungen zu werden. Der Hirsch kann nur dann erlegt werden, wenn jedermann der Versuchung widersteht, den leichteren Fang zu machen. Gibt es nur einen einzigen Jäger, dem der Sinn nach Hasenbraten steht, so ziehen alldie den kürzeren, die das gemeinsame Wohl achten.

Das Gleichnis der Hirschjagd trifft auf gar manche soziale Zwangslage zu. Poundstone [83] bemüht den dramatischen Vergleich mit der Meuterei auf der Bounty. Ab einer gewissen kritischen Anzahl an Angehörigen der Schiffsbesatzung, die sich weigern würden, den Aufruhr gegen Kapitän Bligh mitzutragen, wären die Meuterer um Fletcher Christian, den ersten Maat, verloren.

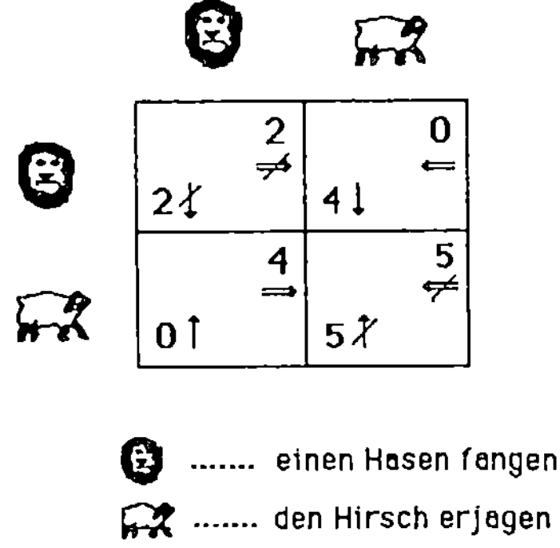

Bild 2.9   Die Bimatrix der Hirschjagdparabel

Ein moderneres Beispiel könnte von Abgeordneten ausgehen, die aus verständlichen Gründen übereingekommen sind, gegen einen Antrag auf Herabsetzung ihrer Diäten zu stimmen. Jeder einzelne dieser Parlamentarier kann jedoch schwerlich der Versuchung widerstehen, im Interesse eines höheren Ansehens den Antrag zu unterstützen, sofern er die Gefahr, daß die Diätenkürzung beschlossen wird, als nicht allzu groß einschätzt. Je mehr Volksvertreter dieser Versuchung nachgeben, desto wahrscheinlicher wird der unerfreuliche Beschluß (mit einfacher Stimmenmehrheit) angenommen.

In Bild 2.9 haben wir die Hirschjagdparabel auf das Niveau eines Zweipersonen–Spieles reduziert.

Als reine Nash–Gleichgewichte empfehlen sich die symmetrischen Paare (Löwe, Löwe) sowie (Lamm, Lamm).

Eine in Bild 2.10 vorgenommene graphische Analyse der besten Antworten bestätigt diese Empfehlung und identifiziert ein zusätzliches symmetrisches Gleichgewicht in gemischten Strategien. (Lamm, Lamm) dominiert überdies (aus der Sicht beider Spieler)[17] wertmäßig die beiden anderen Gleichgewichte. Ist dieses Gleichgewicht letztendlich die Lösung des Spiels? Harsanyi und Selten würden im Sinne ihrer verzwick-

---

[17] man spricht in diesem Falle von *Pareto–Dominanz*.

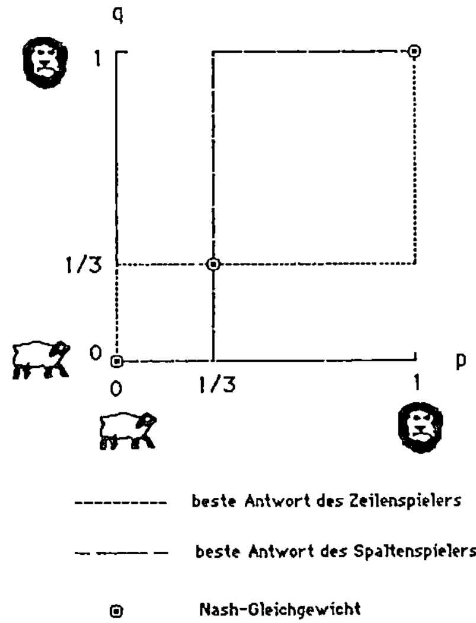

Bild 2.10   Beste Antworten für die Hirschjagdparabel

ten Theorie zur Gleichgewichtsauswahl [48][18] darauf verweisen, daß die Spielweise (Lamm, Lamm) von (Löwe, Löwe) *risiko–dominiert*[19] wird und somit durch gegnerische Koordinationsfehler mehr zu verlieren hätte.

---

[18]wahrlich ein spieltheoretischer „Hexenhammer", der sämtliche hochnotpeinlichen Untersuchungen enthält, die (zweifelsfrei?) zu der einen Lösung des Spieles führen sollten.

[19]In unserem einfachen Spiel läßt sich die Risikodominanz folgendermaßen erklären. Ein Löwespieler wird seine Strategienwahl erst dann bedauern, wenn sein Gegner mit einer Wahrscheinlichkeit, die größer als 2/3 ist, Lamm spielt. Dieser Wert von 2/3 gibt die Widerstandskraft von (Löwe, Löwe) der Spielweise (Lamm, Lamm) gegenüber an. Die Widerstandskraft von (Lamm, Lamm) der Spielweise (Löwe, Löwe) gegenüber ist jedoch mit 1/3 wesentlich geringer.

2.4 Die Stunde der Mutanten

Wir wollen nunmehr die Spiele der vorangegangenen Abschnitte im Sinne evolutionärer Auseinandersetzungen interpretieren. Für Chicken erhalten wir dann, beispielsweise, folgende Fitneßmatrix:

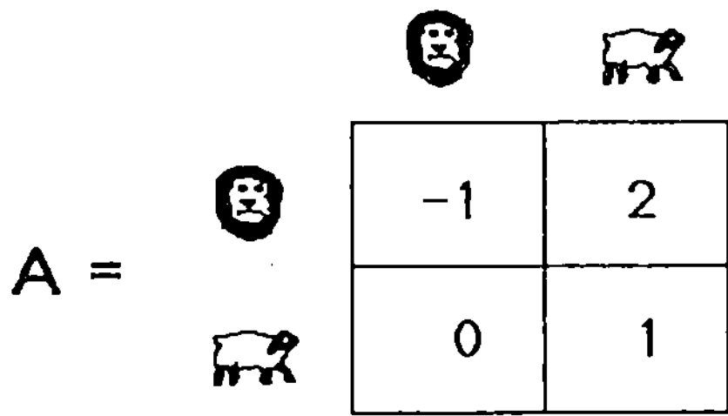

Bild 2.11   Chicken als evolutionäres Spiel

Dabei bezeichnen die Zahlen in Bild 2.11 die Durchschnittswerte, um welche die Darwinsche Fitneß eines Individuums einer Population zu- oder abnimmt, falls es im Zuge einer Konfrontation ein bestimmtes Verhalten (Löwe oder Lamm) an den Tag legt und auf einen Gegner trifft, der seinem Verhalten nach ebenfalls nur diese beiden Optionen hat.

Evolutionäre Konflikte werden jedoch nur scheinbar zwischen den Individuen einer Population ausgetragen. Die wahren Gegner in diesem Spiel sind die Puppenspieler und nicht die Marionetten. Ohne daß es ihnen bewußt[20] wird, werden die Individuen von vererblichen (beim *homo sapiens* auch von intellektuell übertragbaren) Verhaltensprogrammen gesteuert.

Die Puppenspieler werden auch als Replikatoren bezeichnet, da sie sich nur über den Umweg ihrer Marionetten vervielfältigen können. Richard Dawkins eigensüchtige Gene und — als Neuzugang — seine Meme gehören dem in [28] entworfenen Pantheon der Replikatoren an.

---

[20]Es soll jedoch gewisse Populationen geben, deren Individuen Bücher über dieses Thema schreiben.

Es sei

A ... die Fitneßmatrix eines evolutionären Konflikts

$\tilde{p}$ ... eine gemischte Strategie, die sich als (durch den Replikator N induziertes) normales Verhalten etabliert hat.

p ... eine gemischte Strategie, die infolge einer Mutation in einem geringen Anteil ϵ der Population als (durch den Replikator F induziertes) Fehlverhalten auftaucht.

Ein Individuum, dessen Gegner in einem Konflikt zufällig ausgewählt wurde, tritt mit Wahrscheinlichkeit ϵ gegen eine Marionette des Replikators F und mit der von $1 - \epsilon$ gegen eine des Replikators N an. Die durchschnittliche Fitness beträgt somit $(1 - \epsilon)\tilde{p}^T A \tilde{p} + \epsilon \tilde{p}^T A p$ für den Normalreplikator und $(1 - \epsilon)p^T A \tilde{p} + \epsilon p^T A p$ für den Mutanten.

Eine Strategie heißt nach Maynard Smith [69] *evolutionär stabil*, falls der sie induzierende Replikator eine höhere durchschnittliche Fitneß als jeder andere Replikator aufweist, der in einem hinreichend kleinen Anteil $\epsilon > 0$ der Population auftaucht.

Kasten 2.6: Die ESS (Evolutionär Stabile Strategie)

In einem durch die Fitneßmatrix A bestimmten evolutionären Konflikt ist die gemischte Strategie $\tilde{p}$ genau dann evolutionär stabil, falls

- *sie eine beste Antwort auf sich selbst ist*

- *und gegen jede Mutantenstrategie $\hat{p}$, die ebenfalls beste Antwort auf $\tilde{p}$ ist, besser abschneidet, als die gegen sich selbst.*

Evolutionär stabile Strategien lassen sich nur unter denjenigen Strategien aufzustöbern, die Bestandteil eines symmetrischen Nash-Gleichgewichtes sind. Im Chicken-Spiel haben wir somit einen eindeutigen Kandidaten: die gemischte Strategie, die sich gleichwahrscheinlich zwischen „Löwe" und „Lamm" entscheidet.

41

Jede Verhaltensweise bewährt sich als beste Antwort auf diese Strategie. Der Fitneßwert $(3 - 4p)/2$, den die Strategie $(1/2, 1/2)$ gegen eine beliebig andere Strategie $(p, 1 - p)$ erzielt, ist jedoch genau um $2(p - 1/2)^2$ größer als der Fitneßwert $1 - 2p^2$, den $(p, 1 - p)$ gegen sich selbst erreicht.

Womit wir die evolutionäre Stabilität von $(1/2, 1/2)$ bewiesen hätten.

Diese Abwägen von Strategien entwirft jedoch ein verfälschtes Bild des evolutionären Spiels. Das wesentliche Kennzeichen evolutionär stabiler Strategien ist dynamischer Natur. Wir können sie einerseits als Strategien auffassen, die in der Lage sind, das Eindringen von Mutanten im Strategien-Pool erfolgreich abzuwehren. Stellen wir uns andererseits die evolutionäre Entwicklung als ein dynamisches System vor, daß sich stets in die Richtung derjenigen reinen Option bewegt, die eine lokale Fitneßzunahme verspricht, so erweisen sich ESS als evolutionäre Stehaufmännchen.[21]

Als Prototyp des erfolgreichen Lernverhaltens hat diese dynamische Sicht auch andere Gebiete der Spieltheorie beeinflußt. Die wohl maßgebendste Quelle ist ein noch nicht im Druck erschienenes — jedoch bereits im Internet veröffentlichtes — Manuskript: Fudenberg und Levine [37]. In [26], [27] betrachten Dawid und Mehlmann Populationen genetisch kodierter, gemischter Strategien, deren individuelle Fitneß vom gegenwärtigen Populationsstand beeinflußt wird. Ein genetischer Algorithmus gefällt sich mittels Selektion, Kreuzung und Mutation in der Rolle der Evolution.

---

[21]die Mathematiker würden sie — weitaus prosaischer — als (lokal) asymptotisch stabile, stationäre Punkte der Replikatordynamik bezeichnen. Für 2×2-Fitneßmatrizen entsprechen die ESS den asymptotisch stabilen Punkten der Dynamik. Sobald jedoch mehr als 2 reine Optionen in's Spiel kommen, kann es durchaus asymptotisch stabile Punkte geben, deren Entsprechung nicht evolutionär stabil ist. Ja, selbst die Existenz von ESS ist dann nicht mehr gesichert.

Kapitel 3
Im Wald der Spielbäume

Nur ein Matrixverächter mit dem Beinamen Kuhn
Deklarierte mit Mund hinter'm Schaum:
„Folgt in jeder Partie, um es richtig zu tun,
Extensiv stets mir nach auf den Baum".
Alexander Mehlmann. Spieltheoretische Ballade

Die ersten Spielbäume wuchsen bereits in von Neumann und Morgensterns Monographie [81] in den Himmel. Den komplizierten Begriffsbildungen dieser positionellen Spiele stellte erst Kuhn [65] die allgemein verständliche Beschreibung positioneller Strategien als Funktionen, die auf Informationsmengen definiert sind, gegenüber.

Während es stets möglich ist von einer Spielbaumformulierung zur abstrakten Normalform zu gelangen, um dort die Gleichgewichtssuche erfolgreich vorzunehmen, vermitteln gemischte Gleichgewichte der Normalform andererseits keine unmittelbar einsichtigen Verhaltensmuster im extensiven Zug–um–Zug Spiel.

Es war wiederum Kuhn, der einen Weg aus diesem Dilemma wies. In [65] zeigte er, daß es für die Klasse der extensiven Spiele, in der alle Spieler durch ein vollkommenes Erinnerungsvermögen[1] ausgezeichnet sind, eine gleichwertige Möglichkeit gibt, gemischte Strategien darzustellen. In einer *Verhaltensstrategie* werden die Züge des Spielers in jeder Informationsmenge, in der er am Zug ist, durchgemischt.

Im vorliegenden Kapitel werden wir die strategischen Eigenschaften extensiver Spielweisen anhand beispielhafter Spielsituationen erläutern.

---

[1]was ihr vergangenes Wissen und ihre bereits durchgeführten Spielzüge betrifft.

43

Die Glaubwürdigkeit strategischer Gleichgewichte steht im ersten dieser Spiele auf dem Prüfstand. Selten [93], [94] verdanken wir die Einsicht, daß manche Gleichgewichte in unerreichten Teilen des Spielbaumes fragwürdige, da ungleichgewichtige, Empfehlungen abgeben.

In der Folge wenden wir uns dem Bestiarium der Spieltheorie zu. Rosenthals „Tausendfüßler", Seltens „Pferd" sowie Kohlbergs „Dalek" durchleuchten wesentliche Denkweisen der Spieltheorie, wie die weiterer Verfeinerungsansätze und der Rückwärts- und Vorwärtsrechnung.

3.1   Der seltsame Fall des Lord Strange

> He said, "giue me my battell axe in my hand,
> sett the crowne of England on my head soe hye!
> ffor by him that shope both sea and Land,
> King of England this day I will dye!"
> **Ballad of Bosworth Field**

Aus unruhigem Schlaf war er im Morgengrauen aufgeschreckt. Fröstelnd trat der letzte Plantagenet vor das königliche Kriegszelt und blickte sorgenvoll feindwärts. Dem erfahrenen Vanguarde-Führer bot sich der in Bild 3.1 verzeichnete militärische Lageplan dar.

Die Armee der Rebellen lagerte in verstörter Halbordnung südwestlich des Sumpfes. Im geziemenden Respektabstand von Tudors rechter Flanke harrten die Heere der Stanleys der kommenden Dinge. Richard betastete gedankenverloren seinen nicht vorhandenen Buckel und legte seine Stirne in kummervolle Falten.

Konnte er dem Geschlecht der Stanleys, dieser mit Pfründen und Ehren überhäuften Stütze seines Reiches, letztlich vertrauen? Williams Verrat schien festzustehen. Kam auch seine Ächtung zu spät, so würden seine 3.000 Mann Richards Sache wohl kaum gefährden. Ganz anders stand die Sache mit Lord Stanley, dem Reichsstallgrafen. Wer auf seine Unterstützung zählen konnte, dem gehörte zweifelsfrei der Tag.

Richard spielte seinen letzten Trumpf aus. Noch ehe der Vormittag

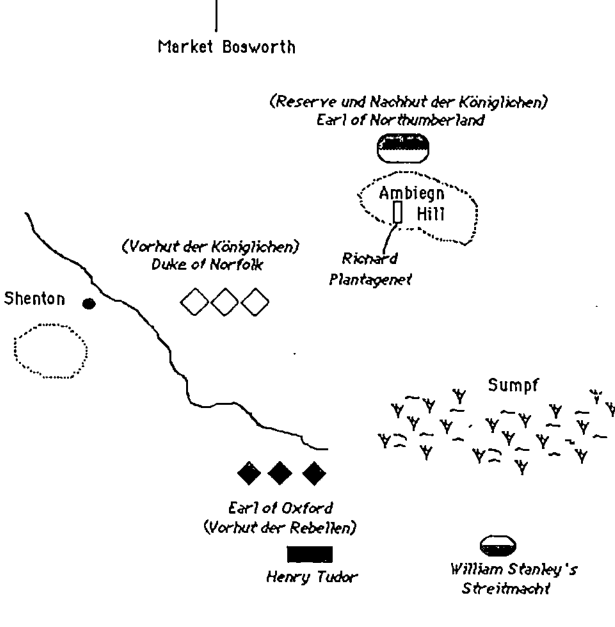

Bild 3.1 Die Schlacht bei Bosworth (22 August 1485)

verstrich, schickte er seinen Boten zu Lord Stanley. Die Botschaft war klar und unmißverständlich. Sollte er sich weigern, dem König beizustehen, so würde Lord Strange, des Königs Geisel und des Stanley Sohn, sein Haupt verlieren.

In Bild 3.2 sind den drei möglichen Spielausgängen jeweils die Bewertungen aus der Sicht beider Spieler zugeordnet. Stanley zieht es augenscheinlich vor, den Beistand zu verweigern, falls er von Richard annehmen kann, daß der seine Drohung nicht wahrmachen wird. Aus diesem Grunde wird dieser Spielausgang aus Stanleys Sicht mit dem Nutzenwert 0 ausgestattet. Für Richard ist dies mit 0 nur der zweitbeste Spielausgang. Ihm wäre der Beistand Stanleys am liebsten; diesen Ausgang

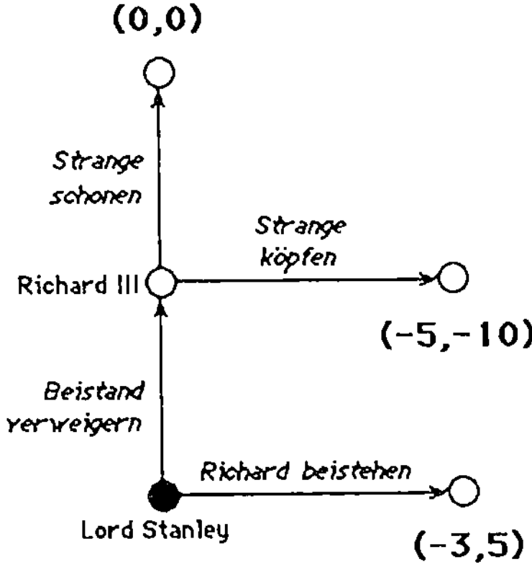

Bild 3.2   Das Spiel um Richards letzten Trumpf

würde er mit einem Nutzenwert von 5 bewerten, Stanley hingegen mit
−3. Beide Spieler bewerten schließlich die Hinrichtung der Geisel als
den schlechtesten Spielausgang; Richards Nutzenwert beträgt hier −10
und Stanleys Wert ist −5.

Würde des Königs Drohung auf fruchtbarem Boden fallen? Ein kurzer
Blick auf die dem Spielbaum in Bild 3.2 zugeordnete Normalformdarstellung läßt uns Übles erahnen.

Zwei Nash-Gleichgewichte[2] in reinen Strategien lassen sich im Geviert
der Bimatrix einkreisen. Im ersten dieser Gleichgewichte gibt Lord Stanley der Drohung Richards nach[3] und entscheidet sich ihm beizustehen.
Das zweite Gleichgewicht beschreibt einen den Beistand verweigernden
Stanley und einen König, der es daraufhin nicht wagt, seine Drohung
wahrzumachen.

Wie sind diese beiden Gleichgewichtslösungen nun zu bewerten? Das
erste der Gleichgewichte wird nur durch eine leere Drohung aufrechterhalten und sollte somit als vernünftige Lösung ausgeschieden werden.[4]

---

[2]genauer gesagt deren Spielausgänge

[3]In Bild 3.4 werden zusätzliche Nash-Gleichgewichte in gemischten Strategien beschrieben. Richard droht in diesen Gleichgewichten an, die Geisel mit Wahrscheinlichkeit $3/5 \leq q < 1$ zu enthaupten, falls Stanley ihm nicht beistehen sollte.

[4]gemeinsam mit den anderen Drohgleichgewichten aus Bild 3.4, die ebensowenig

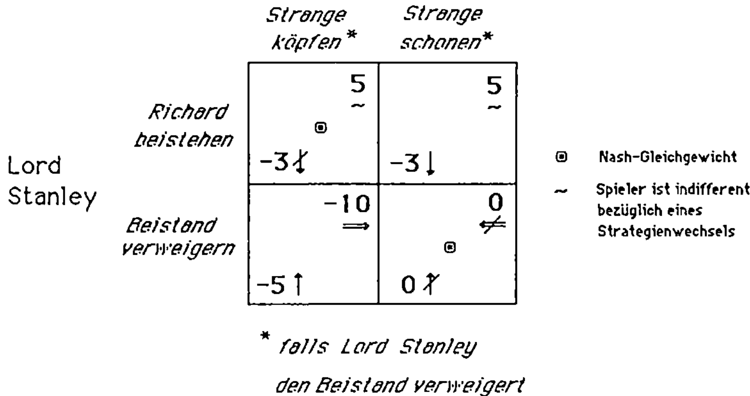

Bild 3.3   Richards letzter Trumpf — die zugehörige Normalform

Ein Blick zurück zum Spielbaum in Bild 3.2 läßt uns die richtige Vorgangsweise hierfür erkennen: das Verfahren der Rückwärtsrechnung.

Wir betrachten vorerst das Teilspiel dessen Wurzelknoten mit Richards einzigem Entscheidungsknoten übereinstimmt. Vor die Wahl gestellt seine Drohung wahrzumachen, bleibt Richard nur die andere Option übrig: Strange zu schonen. Sobald jedoch die leere Drohung als strikt dominierte Aktion des Teilspielbaumes ausgeschieden wurde, wird Lord Stanley im Wurzelknoten des Hauptspieles den Beistand verweigern. Das resultierende Gleichgewicht *(Beistand verweigern, Strange schonen)* erfüllt als einziges die Eigenschaft der Teilspielperfektheit.[5]

Ein teilspielperfektes Gleichgewicht existiert in jedem endlichen Spielbaum mit vollkommener Information. Für den Fall, daß kein Spieler zwi-

---

glaubhaft sind.

[5]Ein teilspielperfektes Gleichgewicht empfiehlt nur solche Aktionspläne, die in jedem beliebigen Teilspiel des ursprünglichen Spiels (auch in solchen, die im zugehörigen Spielverlauf unerreicht bleiben) ein Gleichgewicht bilden. Diese wesentliche erste Verfeinerung des Nash-Gleichgewichtes verdanken wir Selten [93].

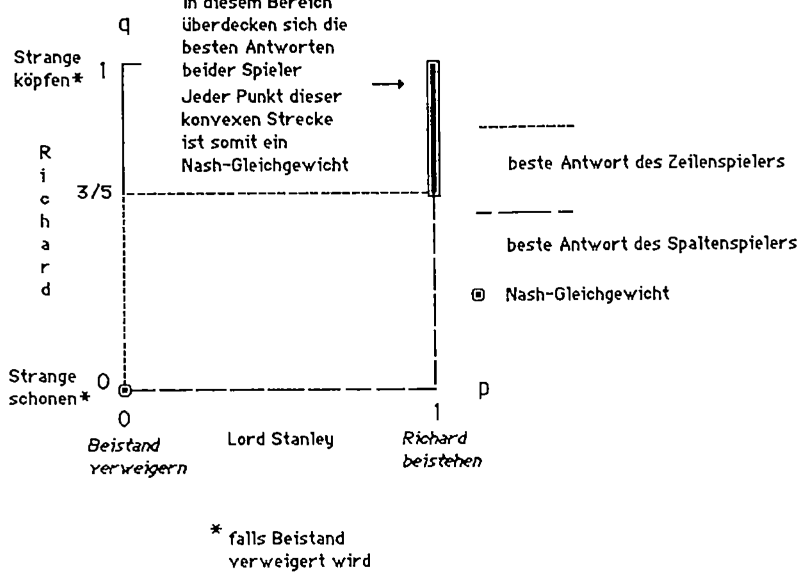

Bild 3.4 Richards letzter Trumpf — Nash-Gleichgewichte

schen zwei verschiedenen Spielausgängen indifferent ist, kann sogar die Eindeutigkeit des teilspielperfekten Gleichgewichtes gezeigt werden. In der zugehörigen (reduzierten) Normalform wird ein derartiges Gleichgewicht keinesfalls schwach dominierte Strategien[6] enthalten.

Stanleys Antwort an Richard war kurz und verächtlich: ,,Ich habe noch weitere Söhne!''

Mit vermutlich gemischten Gefühlen machte sich der Überbringer einer schlechten Nachricht auf den Rückweg. Wir wollen nunmehr für einen flüchtigen Augenblick den tatsächlichen Geschehnissen eine andere, spieltheoretisch motivierte, Wende geben. Auf seinem tollkühnen Ritt über die Redmore-Ebene[7] möge Bote nebst Botschaft in einen Hinterhalt (in Tudors Sold stehender) bretonischer Marodeure geraten. Dieser konstruierte Zwischenfall hat äußerst interessante Konsequenzen für das Spiel um Richards letzten Trumpf.

---

[6]in Bild 3.3 wäre dies *Strange köpfen, falls Stanley den Beistand verweigert.*

[7]Unter diesem Namen war das Schlachtfeld bei Bosworth ursprünglich bekannt.

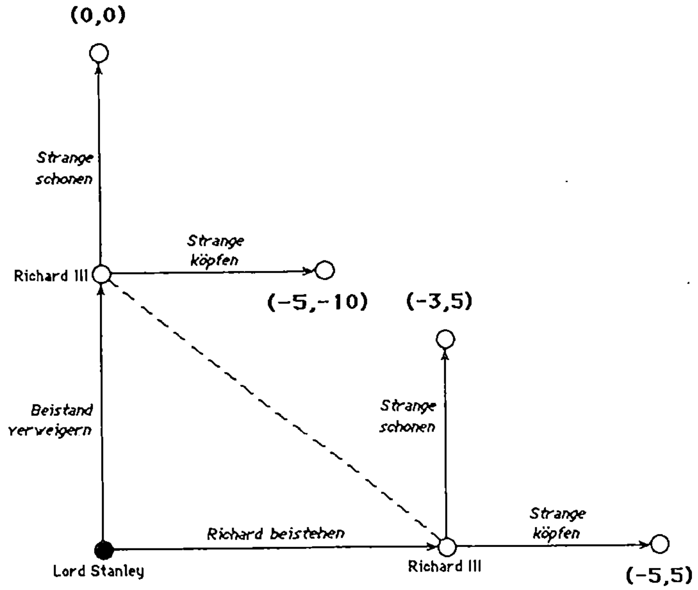

Bild 3.5   Richards letzter Trumpf — des Boten Mißgeschick

Richard hat den ersten Zug seines Gegenspielers nicht wahrgenommen. Seine Informationsmenge besteht nunmehr aus den zwei Entscheidungsknoten, die in Bild 3.5 durch eine strichlierte Linie verbunden sind. Ein derartiger Spielbaum beschreibt ein extensives Spiel mit unvollkommener Information.

Sämtliche Knoten, die derselben Informationsmenge eines Spielers angehören, müssen über die gleiche Anzahl und Art weiterführender Aktionen verfügen.[8] Die Spielausgänge jedoch, die durch das Verwenden identischer Strategien in verschiedenen Knoten einer Informationsmenge entstehen, können durchaus unterschiedlich bewertet werden. So wirkt sich in Bild 3.5 das Köpfen Stranges nur dann für Richard nachteilig aus, falls Stanley den Beistand verweigert (und Richard dies auch erfahren

---

[8]In unserem Beispiel sind dies die Aktivitäten *Strange schonen* und *Strange köpfen*.

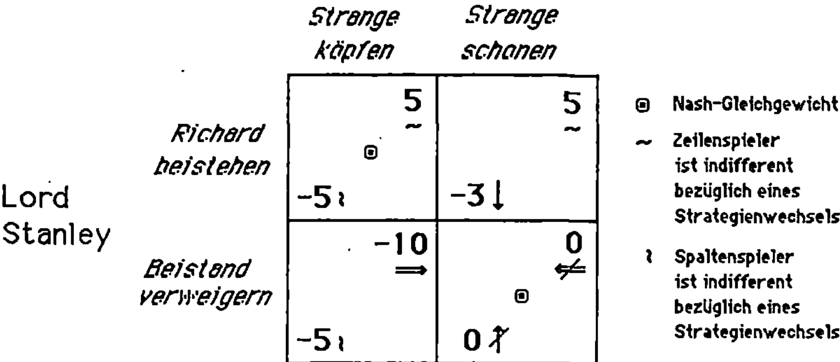

Bild 3.6   Des Boten Mißgeschick — Normalformdarstellung

würde).[9]

Die Normalform des Spieles mit unvollkommener Information weist in Bild 3.6 zwei uns wohlbekannte Gleichgewichte[10] auf. Das erste Gleichgewicht besteht nunmehr zur Gänze aus schwach dominierten Strategien. Es mittels Rückwärtsrechnung auszuschließen, wird uns jedoch kaum gelingen. Der Spielbaum in Bild 3.5 besitzt nämlich keinen anderen Teilspielbaum[11] als sich selbst. Dies bedeutet somit, daß beide Gleichgewichte teilspielperfekt sind.

Der einzige Ausweg, der sich uns aus dieser Misere anbietet, besteht aus einer weiteren Verfeinerung der Gleichgewichtseigenschaft. Von den

---

[9]nur in diesem Fall hat Stanley die Option sich auf Tudors Seite zu schlagen; hat Stanley sich hingegen dafür entschieden, Richard beizustehen, so (dies nehmen wir zumindest an) ist ein Seitenwechsel ausgeschlossen. Aus diesem Grunde wäre Richard auch indifferent zwischen seinen Optionen (Bild 3.6), würde er sich nur Stanleys Beistand sicher sein.

[10]und keine weiteren, was auf einen nicht generischen Fall hinweist.

[11]Man beachte, daß ein Entscheidungsknoten nur dann Wurzelknoten eines eigentlichen Teilspielbaumes sein darf, wenn die Informationsmenge des am Zug befindlichen Spielers keinen weiteren Knoten als Element enthält.

uns zur Verfügung stehenden Möglichkeiten, soll vorerst die aus historischer Sicht älteste ins Spiel gebracht werden.

In [94] untersucht Selten die Frage der Robustheit eines Gleichgewichtes bezüglich möglicher Fehler, die den Spielern bei der Auswahl ihrer Aktionen unterlaufen können. Es handelt sich dabei um keine Denkfehler; wir denken eher an einen Spieler, der mit zitternder Hand den Aufzugsknopf, den er eigentlich drücken wollte, verfehlt und im falschen Stockwerk landet.

Jedes Gleichgewicht, das über diese Robustheitseigenschaft[12] verfügt, müßte aus besten Antworten auf fehlerbehaftete Aktionspläne bestehen, die — gelingt es, das Zittern schrittweise bis zum völligen Verschwinden zu unterdrücken — ihrerseits gegen die strategischen Komponenten des Gleichgewichtes konvergieren.

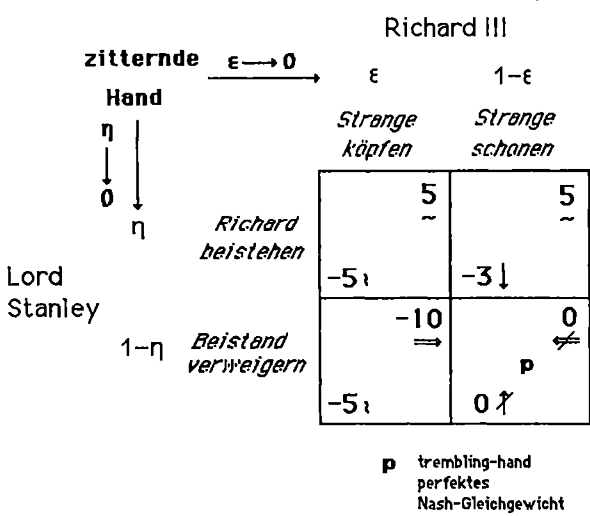

Bild 3.7   Das (trembling-hand) perfekte Gleichgewicht

Möge Richard nun bereit sein, Strange allenfalls zu schonen; Stan-

---

[12]die nach Selten als *Perfektheit*, oder, um sie zusätzlich von der Teilspielperfektheit zu unterscheiden, oft auch als *Perfektheit der zitternden Hand* (*trembling-hand* Perfektheit) bezeichnet wird.

ley sei hingegen fest entschlossen, den Beistand zu verweigern. Wir wissen bereits, daß jede dieser beiden Strategien die andere am besten beantwortet. Doch was passiert, wenn dem jeweiligen Gegner ein Zittern unterläuft?

Stanleys leichter Tremor führt seine Truppen mit der niedrigen Wahrscheinlichkeit η auf Richards Seite. Die beste Antwort auf diese vollständig gemischte Strategie ist jedoch für jedes $\eta < 1$ die gleiche: *Strange schonen*. Wenn andererseits Richards königliche Hand bebt, wird Stanleys Kopf mit der eher gering anzusetzenden Wahrscheinlichkeit ϵ von seinen Schultern rollen. Dies alles kann jedoch Stanley nicht erschüttern; er bleibt für $\epsilon < 1$ bei seiner Weigerung Richard beizustehen.

Gegen das Paar dieser besten Antworten konvergiert überdies zumindest eine Folge von Paaren vollständig gemischter Zitterstrategien, falls das Zittern zur Gänze verschwindet.[13] In Bild 3.7 läßt sich somit ein eindeutiges (trembling-hand) perfektes Nash-Gleichgewicht identifizieren. Was ist aus dem anderen Nash-Gleichgewicht aus Bild 3.6 geworden? Gemäß den von uns verwendeten Verfeinerungsregeln muß es ausgeschieden werden. In Normalformspielen, die von zwei Personen mit jeweils endlich vielen Aktionen ausgetragen werden, ist ein Nash-Gleichgeicht nämlich genau dann (trembling-hand) perfekt, wenn es keine schwach dominierten Strategien enthält.

3.2 Ein spieltheoretisches Bestiarium

... und der Prophet, der eine neue Apokalypse schreiben will, wird gänzlich neue Bestien erfinden müssen ...

Heinrich Heine. Lutezia

Die erste der drei spieltheoretischen Bestien, die uns in der Folge beschäftigen werden, scheint ihrem Aussehen nach der britischen TV-Serie[14]

---

[13]man wähle z.B. $\eta = 2\epsilon$ um dies zu gewährleisten und lasse sodann ϵ gegen 0 streben.

[14]deren Titelheld in *Dr. Who and the Daleks* (1965) und *Daleks — Invasion Earth*

„Dr. Who" entsprungen zu sein. Der Spielbaum in Bild 3.8 ist den tatsächlichen Dalekgestalten — gnadenlose Roboter, die auf Welteroberung erpicht sind (in unserem Spiel jedoch nur an den Nutzwerten interessiert scheinen) — weitgehend nachempfunden.

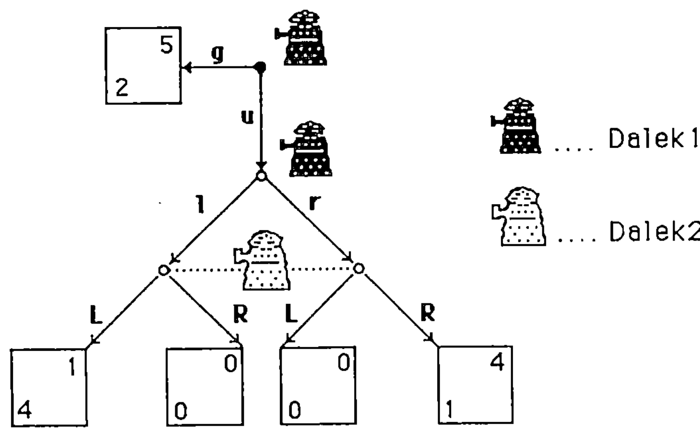

Bild 3.8   Kohlbergs Dalek

Dalek1 entscheidet im Wurzelknoten des Spiels, ob das Spiel gleich beendet wird (Zug **g**) oder seine Fortsetzung findet (Zug **u**). Zieht er nach unten, so darf er auch den nächsten Zug machen und entweder nach links (Zug **l**) oder nach rechts (Zug **r**) ziehen. Erst dann kommt der unvollkommen informierte Dalek2 zu seinem Zug.

Die (reinen) Normalformstrategien fixieren die Züge, deren sich ein Dalek in seinen jeweiligen (in zeitlicher Reihenfolge geordneten) Informationsmengen bedienen soll. In Bild 3.9 haben wir die vollständige sowie die reduzierte Normalform des Dalek-Spielbaumes angeschrieben.

Obwohl Dalek1 nach Ausführen des Zuges **g** an sich nicht mehr zum Zuge kommt, verlangt der Aktionsplan, den wir gemeinhin mit einer Strategie verbinden, daß wir auch seine Aktion in dem nicht erreichbaren zweiten Entscheidungsknoten festhalten. Da jedoch sowohl **gl** als auch

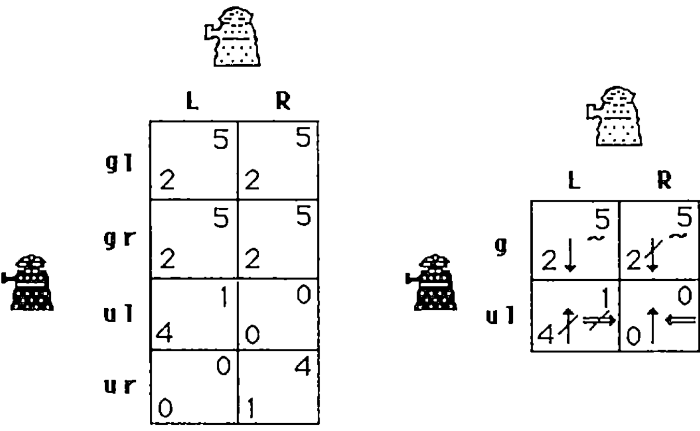

Bild 3.9 Daleks (vollständige und reduzierte) Normalform

gr über die gleichen Auszahlungswerte (aus der Sicht beider Spieler) verfügen, und überdies **ur** strikt dominiert wird, scheint die reduzierte Normalform zur Durchführung einer Gleichgewichtsanalyse vollauf zu genügen.

Folgende Nash-Gleichgewichte in reinen Strategien lassen sich nachweisen: (**gl** , **R**), (**gr** , **R**) und (**ul** , **L**). Von diesen sind nur die letzten beiden (trembling-hand) perfekt (und somit teilspielperfekt[15]).

Man beachte jedoch, daß das Zittern im Dalek–Spiel so seine Eigenheiten hat. Die Mißgriffe, die Dalek1 in den zwei Informationsmengen unterlaufen, in denen er am Zug ist, müssen unkorreliert sein. Um dies mathematisch adäquat zu formulieren, müßte man Dalek1 in jeder ihm zuzuordnenden Informationsmenge durch einen Agenten vertreten lassen. Die daraus resultierende Normalform des Spieles, *Agentennormalform* genannt, erlaubt nunmehr ein korrektes Zittern, das für das Gleichgewicht (**gr** , **R**) wie folgt modelliert werden kann.

Der erster Agent möge mit der niedrigen Wahrscheinlichkeit ϵ den Zug **g** verfehlen und somit **u** spielen. Wurde **u** ausgespielt so ist Agent2 am Zug und verfehlt mit der niedrigen Wahrscheinlichkeit δ den Zug **r**.

---

[15](**gl** , **R**) kann ja gar nicht teilspielperfekt sein, da (**l** , **R**) kein Gleichgewicht des Teilspieles ist, das im zweiten Entscheidungsknoten von Dalek1 startet.

Schlußendlich zittert Dalek2 ein wenig und verfehlt mit der niedrigen
Wahrscheinlichkeit η den Zug **R**.

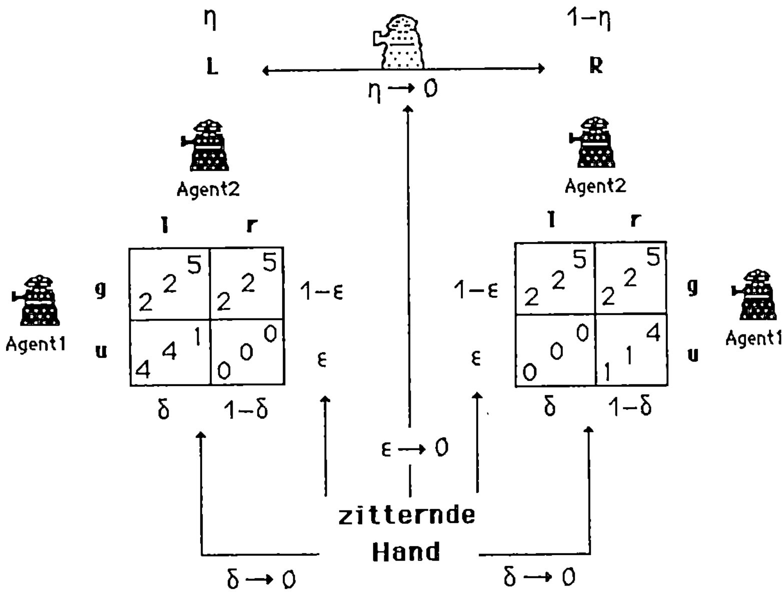

Bild 3.10   Vom kleinen Dalekzittern in der Agentennormalform

In Bild 3.10 verfügen beide Agenten über die Nutzenwerte[16] ihres Pa-
trons Dalek1. Für hinreichend kleine Wahrscheinlichkeiten eines Miß-
griffs (wie z.B. $\eta < 1/5$ und $\delta < 4/5$), die sodann zum Verschwinden[17]
gebracht werden, bilden die Strategien **g** und **r** für die beiden Agenten sowie **R** für Dalek2 ein (trembling-hand) perfektes Gleichgewicht
der Agentennormalform. In Bild 3.11 haben wir dieses Zittern auf die
Normalform zurückgeführt.

Selbstverständlich kommt bei dieser Spielweise der zweite Agent gar

---

[16]jeweils die Werte links unten und in der Mitte jeder Matrixzelle.

[17]Es genügt wiederum, eine Trippelfolge von Zitterstrategien zu definieren, die gegen
das entsprechende Gleichgewicht konvergiert.

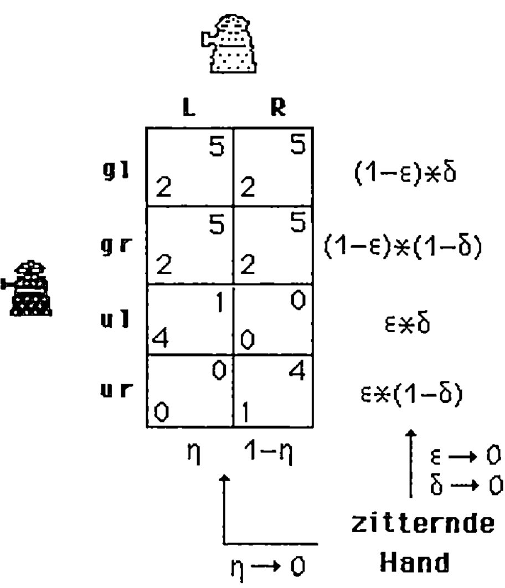

Bild 3.11   Wie man in der Normalform zittern müßte

nicht zum Zug. Die gleichgewichtige Wahl **r** kann jedoch auch als Mutmaßung des Spielers Dalek2 interpretiert[18] werden, daß das Spiel, sollte es überhaupt die zweielementige Informationsmenge erreichen, eher im rechten Entscheidungsknoten seine Fortsetzung findet.

Kann jedoch diese Mutmaßung unter allen Gesichtspunkten aufrechterhalten werden? Dies ist zumindest dann zweifelhaft, wenn man, statt ständig nach rückwärts zu blicken, sich auf eine Sicht der Dinge einläßt, die als Vorwärtsrechnung[19] bezeichnet werden könnte.

---

[18]Hiermit sprechen wir im Prinzip die zweite wesentliche Verfeinerung des Gleichgewichtkonzeptes an. In einem *sequentiellen Gleichgewicht* (und in seiner Vorstufe dem *perfekten bayesianischen Gleichgewicht*) werden für jeden Spieler Strategien und Mutmaßungen (*beliefs*) auf eine konsistente Weise verknüpft. Somit bewerten Mutmaßungen die Realisierung entsprechender strategischer Vorgeschichten und die Strategien fußen als beste Antworten auf Mutmaßungen über uneinsichtige gegnerische Züge.

[19]Ursprünglich hatten wir ja Kierkegaard als Motivation für die Rückwärtsrechnung in's Treffen gebracht. In Angelegenheit der Vorwärtsrechnung lassen wir uns ebenfalls nicht lumpen und verweisen auf Heinrich Heines „Französische Zustände": *Der heutige*

Was will Dalek1? Sollte er wirklich ein zweites Mal zum Zug kommen, würde ein Zug nach rechts weniger Nutzen bringen als die Wahl von g im Wurzelknoten des Spiels. Somit ist die Mutmaßung des Spielers Dalek2 dahingehen zu korrigieren, daß das Dalekspiel, wenn es überhaupt die zweielementige Informationsmenge erreicht, im linken Entscheidungsknoten seine Fortsetzung findet. Dieser Argumentation folgend, sollten wir schließlich das (trembling-hand) perfekte[20] Gleichgewicht (**gr** , **R**) verwerfen.

Da uns weder die Rückwärtsrechnung noch die zitternde Hand vor fragwürdigen Mutmaßungen beschützen können, sollten wir unsere extensiven Fingerzeige um ein zusätzliches Gebot erweitern:

Kasten 3.1: Erweiterte (extensive) Fingerzeige für Glasperlenspieler

1. Blicke stets zurück, um vorauszuplanen

2. Rechne mit dem Unmöglichen; es schließt sich schon von selbst aus

3. Blicke voraus, wenn Du auf Mutmaßungen angewiesen bist

Die Kunst der Mutmaßung ist auch im folgenden Spielbaum von entscheidender Bedeutung. Ursprünglich wurde *Selten's horse*[21] als didaktisches Zirkuspferd [94] in die Arena geschickt, um zu demonstrieren, daß nicht alle teilspielperfekten Nash–Gleichgewichte sinnvoll sind. In [64] muß das Knochengerüst mit den Riesenfesseln gar ein mit formalen Hindernissen gespicktes Mächtigkeitsspringen bestehen. Nur eines der Gleichgewichte scheut vor der Hürde der sequentiellen Verfeinerungen nicht zurück. Ehe wir jedoch die Sprungrichterbewertung

---

Tag ist ein Resultat des gestrigen. Was dieser gewollt hat, müssen wir erforschen, wenn wir zu wissen wünschen, was jener will.

[20]In einem extensiven Spiel ist jedes (trembling-hand) perfekte Gleichgewicht auch sequentiel.

[21]Der Grund für die ursprüngliche Benennung war wohl die pferdeähnliche Gestalt des Spielbaumes in Bild 3.12.

ausführlich begründen, wollen wir eine etwas mythologisch angehauchte Interpretation[22] des Pferdespiels vornehmen.

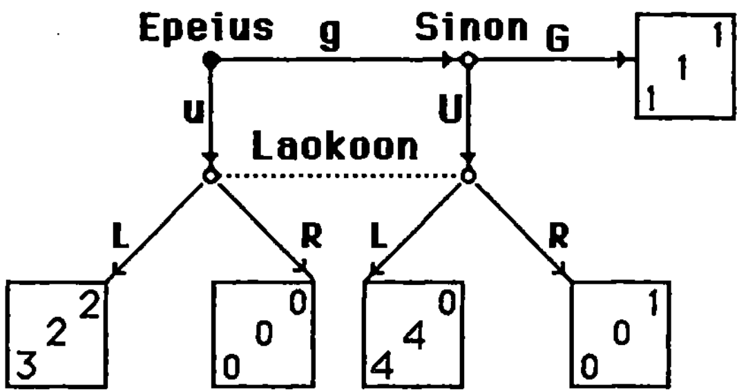

Bild 3.12   Seltens Pferd mit mythologischen Ausschmückungen

Im zehnten Jahr des Trojanischen Krieges schuf der Achäer Epeius, Meister der Schreinerkunst und des Faustkampfes, ein gigantisches, hohles, hölzernes Pferd. Während der Heerhaufen Hals über Kopf (und nur zum Schein) die Belagerung aufgab und davonsegelte, schlüpften 50 auserlesene Krieger in das Innere des Pferdes und harrten der Dinge, die da kommen sollten. Ein Überläufer namens Sinon überbrachte den frohlokkenden Trojanern die Kunde vom Abzug der Achäer. Das hölzerne Pferd hätten die Abziehenden als Weihgeschenk an Pallas-Athene hinterlassen. Hinter Trojanische Mauern gebracht, würde es die Stadt uneinnehmbar machen.

Nur Laokoon, dem Priester Apollos, kam Sinons Geschichte altgriechisch[23] vor. Behende zeichnete er den Spielbaum des Bildes 3.12 in den Sand. Aus seiner Sicht[24] stellt sich die Situation folgendermaßen dar.

Falls Epeius das Pferd — einer göttlichen Eingebung folgend — als Weihgeschenk erschaffen hat (Zug **u**), dann spricht Sinon die Wahrheit. Handelt es sich hingegen um eine Auftragsarbeit (Epeius' Zug ist **g**), dann ist das Pferd entweder ein Danaergeschenk und der Überläufer lügt

---

[22]Die, zugegebenermaßen, auf unserem Pferdemist gewachsen ist.

[23]Deswegen rief er (laut Vergil) auch laut und lateinisch aus: *Quidquid id est, timeo Danaos et dona ferentis*.

[24]Wir beschreiben das Spiel aus dem Blickpunkt Laokoons. Epeius und Sinon ziehen somit nur in Laokoons Phantasie, befolgen dabei jedoch die spieltheoretischen Regeln.

(Zug **U**) oder ein Mahnmal, das an den Trojanischen Krieg erinnern soll. In letzterem Falle hätte jedoch Sinon keinen Grund die Geschichte vom Weihgeschenk zu erzählen (Zug **G**).

Laokoon hat, falls er drankommt, zwei Optionen: die Hereinnahme des Pferdes befürworten (Zug **L**), oder ablehnen (Zug **R**). Da er jedoch die Vorgeschichte des Spieles bis zu seiner Informationsmenge nicht kennt, ist er auf begründete Mutmaßungen angewiesen. Das Konzept eines sequentiellen Gleichgewichtes macht es überdies erforderlich, daß Laokoons Mutmaßungen auch dann aufgestellt werden müssen, falls das Spiel an ihm vorüberläuft.

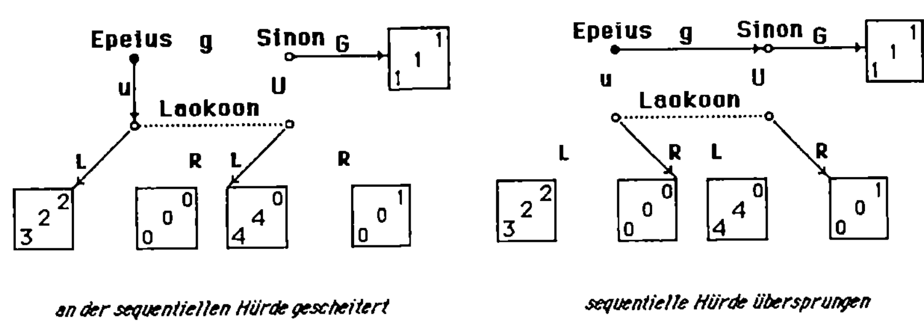

Bild 3.13   Das spieltheoretische Mächtigkeitsspringen

In Bild 3.13 haben wir die Ergebnisse des spieltheoretischen Mächtigkeitsspringens angeführt. Um sie eingehender bewerten zu können, werden wir uns einer anderen Notation für die obigen Gleichgewichte bedienen müssen. Unser Vorhaben zielt darauf ab, eine unmittelbare Erweiterung der Teilspielperfektheitsargumente auf Spielbäume zu ermöglichen, die — im üblichen Sinne — gar keine Teilspielbäume besitzen.

Kreps und Wilson schlugen in [64] eine Kombination aus Strategien und Mutmaßungen vor, die sie als *assessment* bezeichneten. Eine derartige *Einschätzung* ermöglicht es, Informationsmengen, die aus mehreren Entscheidungsknoten bestehen, als Ausgangspunkt der weiteren Spielentwicklung heranzuziehen.

In Bild 3.14 haben wir das strategische Gleichgewicht um die erforderlichen Mutmaßungen ergänzt. Epeius und Sinon wissen mit vollständiger

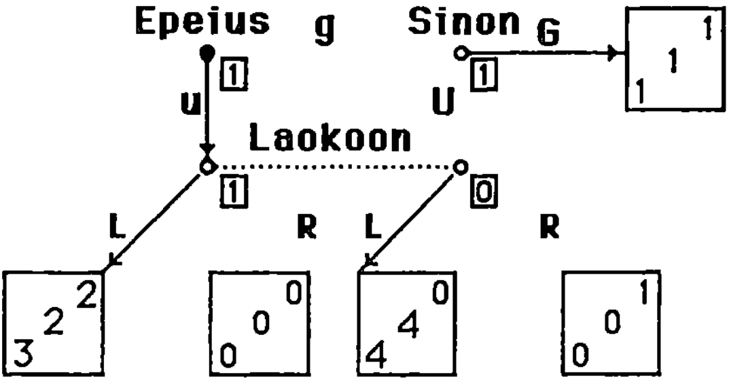

Bild 3.14   Von der Mutmaßung zu den Gründen für's Scheitern

Sicherheit, wo sie sich befinden, falls sie am Zug sind. Laokoons Mutmaßung entspricht hingegen einer Wahrscheinlichkeitsverteilung über die Elemente seiner mehrknotigen Informationsmenge. In unserem Fall mutmaßt Laokoon, daß er sich mit Wahrscheinlichkeit 1 im linken Entscheidungsknoten befindet, falls es an ihm ist, nunmehr zu ziehen.

Man beachte, daß diese Mutmaßung sich in zweifacher Weise mit dem zugrundegelegten strategischen Gleichgewicht verträgt. Sie läßt sich erstens unmittelbar aus den gegnerischen Zügen **u** und **G** ableiten, deren Ausspielen (auf Grund der unvollkommenen Information) zwar nicht den Beobachtungen Laokoons jedoch seinen Erwartungen entspricht. Sodann begründet die nämliche Mutmaßung (im Sinne der Nutzenmaximierung) einwandfrei Laokoons Zug **L**. Auch Epeius hat keinen Grund seine Zugwahl **u** zu bereuen, wenn seinen Erwartungen nach Sinon **G** und Laokoon **L** spielt.

Der Pferdefuß und somit die Gründe für das Scheitern vor der sequentiellen Hürde liegen woanders verborgen. Obwohl der in Bild 3.14 realisierte Spielverlauf Sinon ausschließt, stimmt dessen Zugwahl nicht mit seiner Erwartung über Laokoons Zug überein. Sein Nutzen ließe sich auf 4 Einheiten heraufschrauben, falls er am Zug befindlich U statt G wählen würde. Nun bleibt — wie in Bild 3.15 ersichtlich — kein Stein

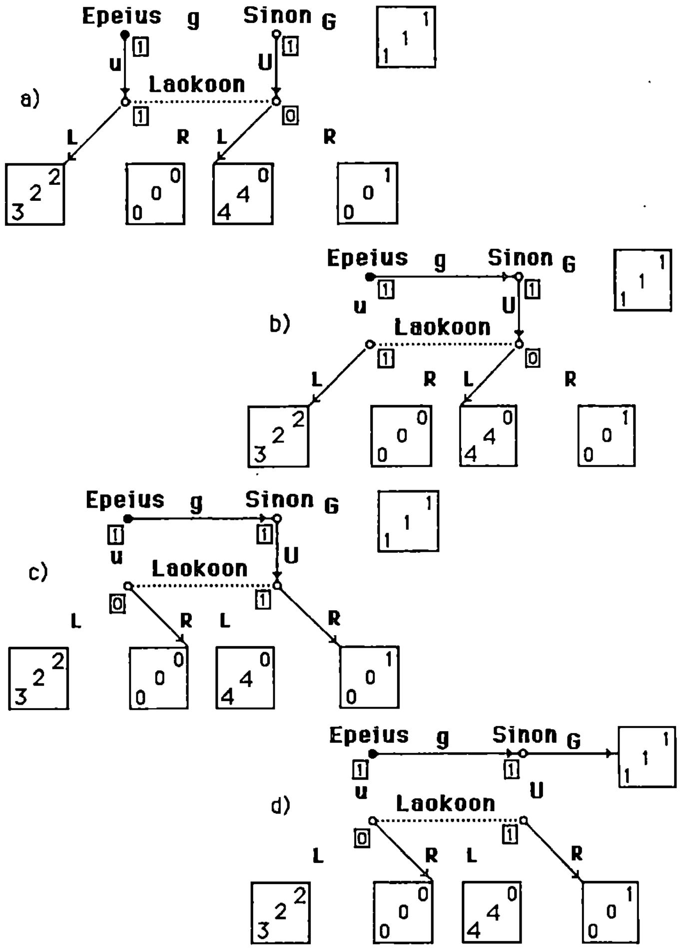

Bild 3.15   Kein Stein bleibt auf dem anderen

auf dem anderen.

Wechselt nämlich Sinon auf U, so kann Epeius durch die Auswahl von g einen Nutzenvorteil erwirken (Fall b in Bild 3.15). Dies läßt jedoch Laokoons Mutmaßung inkonsistent erscheinen; er sollte nunmehr annehmen, daß das Spiel im rechten Knoten seiner mehrknotigen Informationsmenge seine Fortsetzung findet. Die geänderte Mutmaßung begründet (Fall c in Bild 3.15) Laokoons Zugwechsel auf **R**. Schließlich bleibt Sinon nur ein erneuter Wechsel auf **G** (Fall d in Bild 3.15) übrig. Das resultierende strategische Gleichgewicht besteht im Verbund mit Laokoons revidierter Mutmaßung das spieltheoretische Mächtigkeitsspringen.

Um dies zu beweisen, müßte ein mathematisch ausgebildeter Sprungrichter in der Lage sein, eine Folge vollständig gemischter Einschätzungen anzugeben, die gegen die in Bild 3.15 unter Fall d angegebene Einschätzung konvergiert. Dabei wird von den Elementen dieser Folge nur verlangt, daß sich die Mutmaßungen aus den Verhaltensstrategien im bayesianischen Sinne[25] ableiten lassen. In der Grenze muß zusätzlich noch jede Strategie im Sinne der besten Antwort auf die zugrundegelegten Mutmaßungen aufbauen.

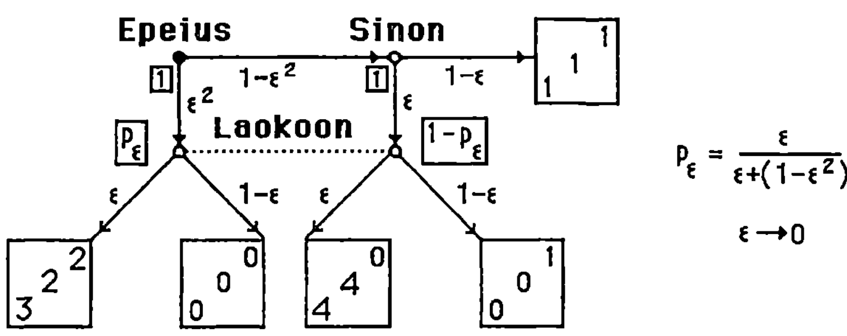

Bild 3.16 Die Konsistenz des sequentiellen Gleichgewichtes

Doch nun genug der formalen Höllenzwänge. Die faszinierendsten Fragen der interaktiven Entscheidungstheorie tauchen nämlich bereits in Spielen auf, die wegen ihrer vollkommenen Information recht einfach

---

[25]Dies erfolgt beispielsweise im Bild 3.16 durch Berechnung der Wahrscheinlichkeit p_ϵ nach den Rechenvorschriften des Satzes von Bayes. p_ϵ bezeichnet hierbei die Wahrscheinlichkeit, daß das Spiel — unter der Bedingung, daß Laokoon zum Zuge kommt — den linken Knoten seiner Informationsmenge erreicht hat. Erwartet Laokoon, daß Epeius und Sinon jeweils mit den Wahrscheinlichkeiten ϵ^2 und ϵ nach unten abzweigen, so trifft das bedingenden Ereignis mit der Wahrscheinlichkeit $\epsilon^2 + \epsilon(1 - \epsilon^2)$ ein. Nach dem Satz von Bayes gilt somit: $p_\epsilon = \epsilon/[\epsilon + (1 - \epsilon^2)]$.

gestrickt erscheinen. Ein Beispiel hierfür ist die letzte Attraktion unseres Bestiariums: Rosenthals *centipede*.

Nimmt man den Namen dieses Spiels wörtlich — was bei den meisten spieltheoretischen Bezeichnungen tunlichst unterbleiben sollte — so mutet einem die Übertragung ins Deutsche eine wahrlich gigantische Bohnenstange als Spielbaum zu.

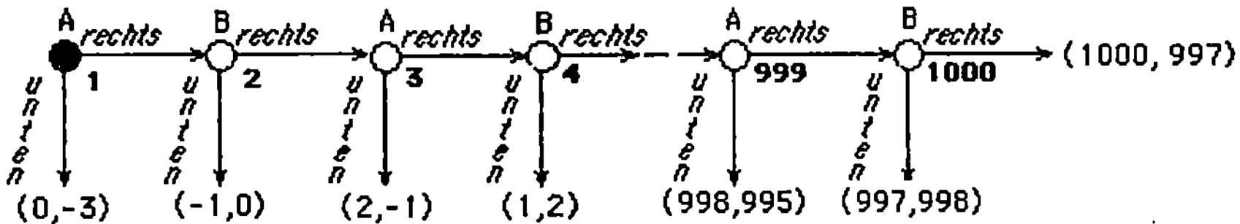

Bild 3.17   Das Tausendfüßlerspiel

In Bild 3.17 sind Messieurs A und B alternierend am Zug, sofern das Spiel andauert. Die Partie kann stets durch den Zug nach *unten* beendet oder mit dem Zug nach *rechts* fortgesetzt werden. Wird der Ausweg nach unten nie gewählt, so endet jedenfalls das Spiel mit dem 1000ten Zug nach rechts.

Im n-ten Entscheidungsknoten blickt der zugberechtigte Spieler (A für ein ungerades, B für ein gerades n) auf eine mehr oder weniger lange Vorgeschichte $R(n-1)$ zurück, die aus $n-1$ Wiederholungen der Aktion *rechts* besteht. Erweitert man nun jede mögliche Vorgeschichte um die Aktion *unten* und zusätzlich die Vorgeschichte $R(999)$ um die Aktion *rechts*, so hat man alle Pfade durch den Spielbaum erzeugt, die einen Spielausgang erreichen.

Es ist nunmehr nicht allzu schwierig, die Präferenzen beider Spieler festzustellen. Für $n \leq 998$ zieht der Spieler mit Zugrecht im $n$ten Entscheidungsknoten den Pfad $(R(n+1),unten)$ dem Pfad $(R(n-1),unten)$ und dem ersteren wiederum den Pfad $(R(n),unten)$ vor. Während der Spieler A schließlich $(R(999),rechts)$ vor $(R(998),unten)$ und letzteren Pfad vor $(R(999),unten)$ reihen würde, ist für seinen Kontrahenten B unbestreitbar $(R(999),unten)$ einfach besser als $(R(999),rechts)$.

Nunmehr steht einer einfachen Rückwärtsrechnung — wie in Bild

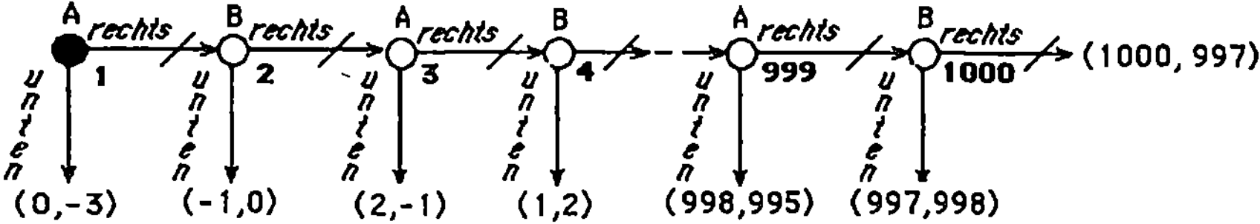

Bild 3.18   Rückwärtsrechnung im Tausendfüßlerspiel

3.18 angezeigt — wohl nichts mehr im Wege. Im teilspielperfekten Gleichgewicht wird in sämtlichen Knoten — ungeachtet der jeweiligen Vorgeschichte[26] — nach unten abgezweigt. Der teilspielperfekte Gleichgewichtspfad in Bild 3.19, der aus dieser strategischen Überlegung resultiert, ist übrigens allen weiteren Nash-Gleichgewichten des Tausenfüßlerspiels gemeinsam.

Bild 3.19   Der teilspielperfekte Gleichgewichtspfad

In einer so leichthin angebrachten Spiellösung sind jedoch so manche logische Fallstricke verborgen. In Kapitel 6 werden wir mit diesen Paradoxien der Rückwärtsrechnung noch unsere liebe Not haben.

---

[26]Hiermit sprechen wir zum wiederholten Male den leidigen Strategiebegriff an, der es manchesmal erfordert, den „unmöglichen Plan" zu schmieden. Unter den Namen *counterfactuals* haben derartige Entscheidungen gegen den Lauf der Dinge logische Argumente um einiges schlüpfriger gestaltet.

Kapitel 4
Spiele gegen die Zeit

Alexander Mehlmann. The Mad Reviewers Song

Im Grenzbereich zwischen Spieltheorie und klassischer angewandter Mathematik enstand in den 50er Jahren unseres Jahrhunderts die Theorie der Differentialspiele als (anfangs zur Gänze) Wurf eines Einzelgängers. Konzepte und Begriffsbildungen, deren sich Rufus Isaacs [54] bediente, fanden (oft unter anderem Namen) in der sich parallel entwickelnden optimalen Kontrolltheorie ihre Entsprechung.

Für die spieltheoretische Hauptströmung schien die Rolle dieser Theorie jahrzehntelang als die einer komplizierten und obskuren Sammlung von Fallbeispielen festzustehen. Dieser Vorwurf zielt zum Teil auf die im Mittelpunkt der Untersuchungen stehenden Flucht- und Verfolgungssituationen ab.

Im Unterschied zu den bisher vorgestellten Konfliktsituationen betonen Differentialspiele vor allem die Rolle der Zeit. Bevor wir jedoch mittels zweier literarischer Konflikte dieser wesentlichen Einflußgröße nachgehen, werden wir — anhand der belligerenten Duelltheorie — zu einem Abgesang[1] der klassischen Nullsummenspiele ansetzen.

---

[1] Diese mathematischen Dinosaurier sind bereits zur Gänze aus dem Habitat der Spieltheorie verschwunden und treiben ihr Unwesen nur noch in Lehrbüchern der Linearen Programmierung.

4.1 Duelle und andere Ehrenhändel

Am nächsten Tag steht man befrackt in Tann
Freds Kraftblick läßt des Gegners Schuß versagen.
Er selbst trifft ihn am Halse überm Kragen.
(Ein Kindermädchen trauert in Lausanne.)
Ludwig Rubiner et al. Das Duell

Im Western „Erbarmungslos" schießt der Killer William Munny[2] fünf seiner gleichzeitig ziehenden Kontrahenten über den Haufen. Beauchamp — einer der Zeugen dieser Auseinandersetzung — stellt Munny die Frage, auf wen er zuerst geschossen. Üblicherweise feuere nämlich der erfahrene Pistolero, wenn er es mit einer Überzahl an Gegnern zu tun habe, immer zuerst auf den besten Schützen.

Munny entgegnete trocken: „Die Reihenfolge war Glückssache. Aber ich habe eigentlich immer Glück, wenn's um's Töten geht!"

Wir werden später — anhand des Dreikampfspiels Truell — eher Beauchamps Sichtweise vertreten. In einem Zweikampf oder Duell ist diese Fragestellung nebensächlich, da der Gegner, auf den geschossen wird, immer feststeht. Stattdessen ist der Zeitpunkt, zu dem geschossen wird, in der Schwebe. Das Duell gehört somit zur Kategorie der sogenannten Timing-Spiele.

Gemäß den traditionellen Regeln des (mathematischen) Zweikampfmodells schreiten die Gegner aus einem Abstand von A Schritten aufeinander zu. Die Treffsicherheit des ersten Duellanten sei durch die Wahrscheinlichkeit $p(x)$ — die des zweiten durch $q(x)$ — angegeben, sofern sich der Abstand (inzwischen) auf x verringert hat. Beide Wahrscheinlichkeiten steigen bei abnehmender Distanz merklich[3] an und erreichen für den Abstandswert 0 vollständige Sicherheit.

Bewertet man zusätzlich das alleinige Überleben[4] mit $+1$, das alleinige

---

[2] als Clint Eastwoods überzeugendes *alter ego*.

[3] d.h. im Sinne der strengen Monotonie folgt aus $x > y$ unmittelbar $p(x) < p(y)$ und $q(x) < q(y)$.

[4] Im Zeichen der *political correctness* wurde durchaus auch versucht, die zugrundeliegende Konfliktsituation etwas weniger blutrünstig zu gestalten. In Shubik [97] bringt einfach jeder Spieler mittels Wurfpfeil — stellvertretend für den Gegner — einen Luft-

Zusammentreffen mit Freund Hein hingegen mit -1, sowie alle anderen Eventualitäten mit 0, und nimmt man an, daß jedermann nur eine Kugel zur Verfügung hat, deren Abfeuern laut und vernehmlich[5] erfolgt, so läßt sich der Nutzen $N_1(x, y)$ des ersten Duellanten, unter der Annahme, daß er aus einem Abstand x (sein Kontrahent jedoch aus einem Abstand y) feuert, wie folgt berechnen.

Für $x > y$ wird der erste Duellant nur dann den anderen überleben, falls sein Schuß (mit Wahrscheinlichkeit $p(x)$) ein Treffer ist. Schießt er (mit Wahrscheinlichkeit $1 - p(x)$) vorbei, so kann der Gegner ungestraft den Abstand auf 0 verringern, um seinerseits mit Wahrscheinlichkeit $q(0) = 1$ zu treffen. Für $y > x$ wird andererseits der erste Duellant seinen Gegner mit Wahrscheinlichkeit $1 - q(y)$ überleben. Wird gleichzeitig geschossen, überlebt der erste Duellant nur dann seinen Gegner, falls er trifft, ohne selbst getroffen zu werden. Es gilt somit:

$$N_1(x, y) = \begin{cases} 2p(x) - 1 & \text{falls } x > y \\ p(x) - q(x) & \text{falls } x = y \\ 1 - 2q(y) & \text{falls } y > x \end{cases}$$

Diesen Nutzen wird (im Nullsummenspiel Duell) der zweite Duellant stets zu vermindern trachten. Somit feuert er in einem Abstand $\hat{y}(x)$, für den gilt:

$$N_1(x, \hat{y}(x)) = \min_{0 \leq y \leq A} N_1(x, y).$$

Nun steigt ja die Treffgenauigkeit eines Duellanten mit dem Hinauszögern des Schusses. Der Abstand $\hat{y}(x)$ sollte somit keinesfalls x überschreiten. Es sei d^* der eindeutig bestimmbare Abstand, für den $p(d^*) + q(d^*) = 1$ gilt. Das richtige Rezept zur Minimierung des Nutzens $N_1(x, y)$ scheint demnach[6]

---

ballon zum Platzen.

[5]Ein sogenanntes geräuschvolles Duell, das wesentlich einfachere Lösungsverfahren zuläßt als die anderen in Dresher [30] oder Karlin [57] zelebrierten Varianten.

[6]Dies entspricht eher dem Showdown auf den Straßen von Tombstone als dem klassischen Duell. Erkennt der minimierende Duellant (womöglich an einem Flackern in der

$$\hat{y}(x) = \begin{cases} x & \text{falls } x \leq d^*; \\ 0 & \text{falls } x > d^*, \end{cases}$$

zu sein.

Der erste Duellant muß sich somit im Abstand x mit einem Nutzen von:

$$N_1(x, \hat{y}(x)) = \begin{cases} 1 - 2q(x) & \text{falls } x \leq d^*; \\ 2p(x) - 1 & \text{falls } x \geq d^*, \end{cases}$$

abfinden. Durch geeignete Wahl der Schußdistanz kann er jedoch diesen Wert maximieren.

Der Maximin–Wert der Nutzenfunktion $N_1(x, y)$ ist durch

$$\max_{0 \leq x \leq A} \min_{0 \leq y \leq A} N_1(x, y) = N_1(d^*, d^*) = p(d^*) - q(d^*),$$

gegeben. Das Strategienpaar $(x = d^*;\ y = d^*)$ ist somit ein eindeutiger *Sattelpunkt*[7] des Duell-Spieles, da es folgende *Sattelpunktseigenschaft* erfüllt:

$$\max_{0 \leq x \leq A} \min_{0 \leq y \leq A} N_1(x, y) = \min_{0 \leq y \leq A} \max_{0 \leq y \leq A} N_1(x, y) = N_1(d^*, d^*).$$

In diesem Falle ist *Maximin* gleich dem *Minimax*[8]. Somit wird der Wert $p(d^*) - q(d^*)$, der sowohl für den Gewinn des ersten wie auch für den Verlust des zweiten Duellanten steht, auch als *Spielwert* bezeichnet.

Die Pflanze der Paradoxie gedeiht jedoch schwerlich auf dem kargen Boden der Nullsummentheorie. Es genügt, einen einzigen zusätzlichen Schützen in's Spiel zu bringen, um die Situation vollständig zu ändern.

Iris des Widersachers?), daß sein Gegner im Abstand x feuern will, so wird er nur dann versuchen, (als erster) im Abstand x zu feuern, falls die Distanz d^* bereits erreicht oder unterschritten wurde.

[7]In einem Nullsummenspiel hat jedes Nash-Gleichgewicht die Sattelpunktseigenschaft. Jeder Sattelpunkt ist andererseits ein Nash-Gleichgewicht.

[8]Mit der Übereinstimmung dieser beiden Werte demonstriert auch von Neumann — in seinem berühmtem Minimax-Theorem — die Existenz eines Spielwertes für jedes endliche Zweipersonen-Nullsummenspiel.

In einem Truell stehen sich drei Gegner gegenüber; jeder mit einem schier unerschöpflichen Munitionsvorrat[9] ausgestattet und bestrebt[10] den Dreikampf zu überleben. Wir benennen die drei nach den berühmtesten Heldendarstellern des Westernfilms: *John Wayne*, *Clint Eastwood* und letztlich *Randolph Scott*. John sei der beste Schütze, danach folgt Clint vor Randolph. Die Positionen der Truellanten bleiben während des gesamten Schußwechsels unverändert. Somit können die Treffsicherheiten der Drei als konstante Wahrscheinlichkeitswerte $j > c > r$ angenommen werden. Zu Beginn wird die Schußreihenfolge ausgelost[11] und für die Dauer des Truells streng[12] eingehalten.

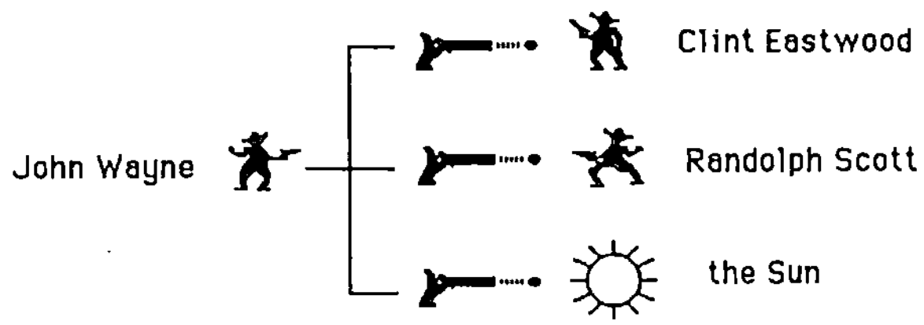

Bild 4.1   John Waynes Truell-Strategien

In Bild 4.1 haben wir mögliche Strategien für John Wayne dargestellt. Falls John zum Abzug kommt, wenn beide Gegner noch aufrecht stehen, und sich ein für allemal dafür entschieden hat, in solchen Situationen auf den stärksten Kontrahenten zu zielen, so wird er Clint mit Wahrscheinlichkeit j treffen.

Zwar wäre die Wahrscheinlichkeit Randolph auszuschalten genauso

---

[9]In der Literatur (siehe Kilgour [58]) wird dieser Spezialfall als unendliches Truell bezeichnet.

[10]zieht jedermann es vor, als einziger Überlebender aus dem Wettkampf hervorzugehen, so spricht man von einem eindeutig antagonistischen Truell; falls es zumindest einen Truellanten gibt, der zwischen einem alleinigen Überleben und dem Überleben in Gesellschaft anderer indifferent ist, so hat das Truell kooperative Züge.

[11]Es gibt insgesamt sechs mögliche Reihenfolgen.

[12]Schützen, die mittlererweile in's Gras gebissen haben, werden in der Folge einfach übergangen.

groß. Eine Vorwärtsrechnung ergibt jedoch, daß die Gewinnwahrscheinlichkeit für John diesfalls sinken würde, da er beim nächsten Schuß als Zielscheibe für einen Gegner herhalten muß, der genauer trifft.

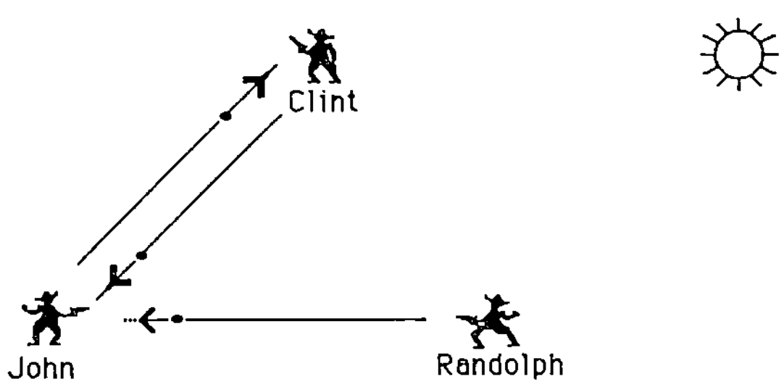

Bild 4.2   Eher die Schwachen überleben — Shubiks Lösung

In einem eindeutig antagonistischen Truell, in dem nur Schützen als Zielscheibe dienen dürfen, erweist sich die Strategie, immer auf den stärksten Gegner zu zielen, als strikt dominant. In Bild 4.2 haben wir das resultierende (eindeutige) Nash-Gleichgewicht dargestellt.

Alles Paletti für John? Obwohl der beste Schütze weit und breit, rangiert er, was seine Überlebenswahrscheinlichkeit betrifft, oft hinter dem Leichtgewicht Randolph. Dieser paradoxe Spielausgang wurde erstmals von Shubik in [96] beschrieben.

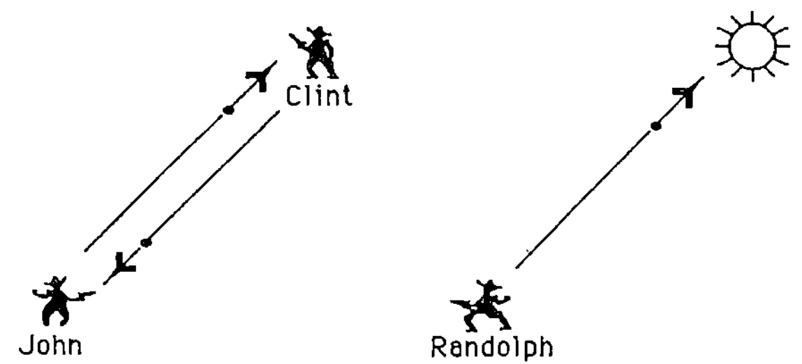

Bild 4.3   Der dritte Mann — Gardners Lösung

Für Truelle mit kooperativen Zügen beschreibt Gardner [39] ein unorthodoxes (zusätzliches) Gleichgewicht, das den dritten Spieler — insolange alle noch am Leben sind — (statt auf einen Gegner) himmelwärts feuern läßt. Die Umstände, unter denen dieser freiwillige Fehlschuß die im Bild 4.3 festgehaltenen Gegnerstrategien am besten beantwortet, hängen — Kilgours umfassender Truellanalyse [58] zufolge — sowohl von der Schußreihenfolge als auch von der Kunstfertigkeit des zweitstärksten Schützen ab.

Ist nämlich Clint nicht allzu treffsicher, so wird ein noch miserablerer Schütze Randolph (unabhängig von der ausgelosten Reihenfolge) stets auf John feuern. Kommt jedoch ein Meisterschütze Clint unmittelbar nach Randolph zum Abzug, so wird sich Randolph durch fortgesetzte Sonnentreffer solange aus dem Truell heraushalten, bis einer seiner stärkeren Gegner eliminiert wurde. Sodann darf Randolph den nächsten Schuß abgeben und knöpft sich den überlebenden Gegner vor.

Donald Knuth, Schöpfer der meisterlichen Setzsprache $\TeX$,[13] setzt schließlich in [60] dem kooperativsten[14] Truell ein wahrlich pazifistisches i-Tüpfelchen[15] auf.

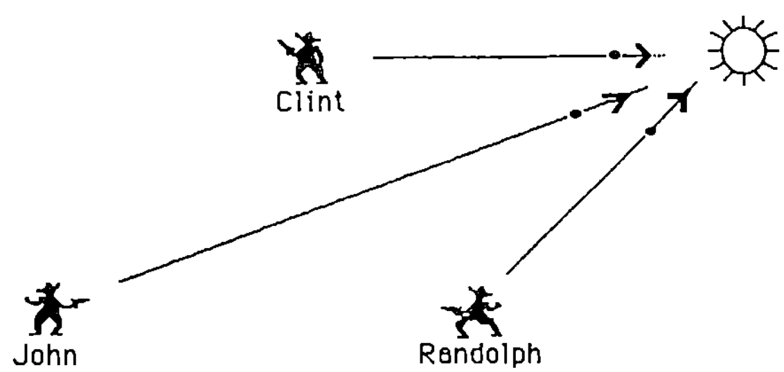

Bild 4.4   Truell unter der Sonne — Knuths Lösung

---

[13]in deren kultiviertem Ableger $\LaTeX$ dieses Buch gesetzt wurde.

[14]Jeder Spieler ist indifferent zwischen dem alleinigen Überleben, dem zu zweit und dem zu dritt.

[15]Das in Bild 4.4 abgebildete Pareto-effiziente Gleichgewicht kann jedoch kaum als spieltheoretische Erklärung für das Entstehen der Sonnenflecken gewertet werden.

4.2 Der Fluch der Unumkehrbarkeit

Nun aber beginnt sein Acker von Jahr zu Jahr kleiner zu werden, und wenn
heute eine Epidemie ausbräche, wüßte er nicht, ob er sich mehr über die
Begräbnisgebühren freuen oder sich über die neuen Gräber ärgern sollte.
„Ihr nährt Euch von den Toten, Lestiboudois!“ sagte eines Tages der Pfarrer
zu ihm.

Gustave Flaubert. Madame Bovary (übersetzt von Hans Reisiger)

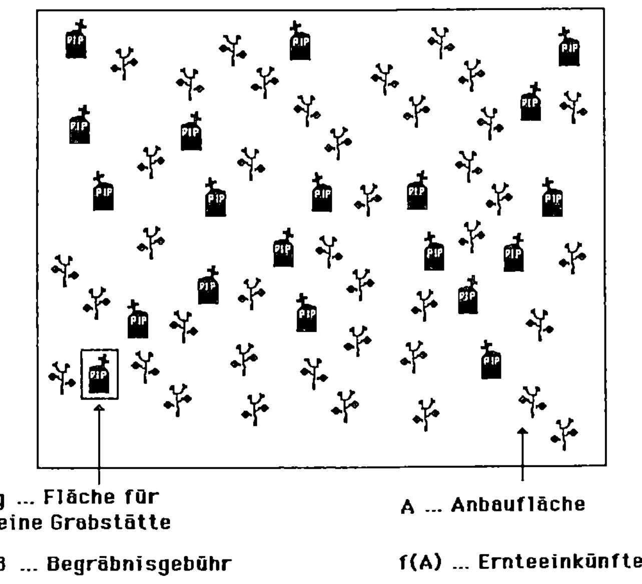

Bild 4.5 Lestiboudois' Gottes- und Kartoffelacker

In „Madame Bovary“ führt Gustave Flaubert als Pausenfüller die Figur des Küsters Lestiboudois ein. Neben einer zusätzlichen Tätigkeit als
Totengräber benützt dieser brave Mann den brachliegenden Teil des Got-
tesackers als Anbaufläche für Kartoffeln. Ehe er sich's versieht, ist er in
einem Spiel gegen die Natur verwickelt, die unter anderem — innerhalb
einer gewissen Bandbreite [$\underline{m}$, $\overline{m}$] — die Todesrate $m(t)$ der Gemeinde
festlegt.

Der Lestiboudois zur Verfügung stehende Spielraum scheint hingegen beschränkt. Man sollte andererseits den Einfluß eines Küsters nicht gänzlich unterschätzen. Wir wollen darum — dem Modell zuliebe — annehmen, daß es Lestiboudois möglich ist, durch Gerüchte über den keineswegs gottgefälligen Lebenswandel der Verblichenen die Anzahl der Begräbnisse (in einem bestimmten Zeitraum) völlig abzusenken. Um den Gegenwartswert der Lestiboudois zukommenden Nutzenströme zu erfassen, empfiehlt es sich somit nach Thépot [99], folgende Maximierungsaufgabe aufzustellen:

$$\max_{0 \le \omega(t) \le 1} \int_0^\infty e^{-rt}[f(A(t)) + B\omega(t)m(t)]\,dt$$

unter der dynamischen Nebenbedingung

$$\dot{A}(t) = -g\omega(t)m(t)\,;\quad A(0) = A_0\,.$$

Lestiboudois kontrolliert nun die Anzahl der Begräbnisse über die Annahmerate $0 \le \omega(t) \le 1$. Diese Entscheidung beeinflußt die zur Verfügung stehende Anbaufläche, deren Abnahme im Zeitenlauf durch die obige Differentialgleichung ausgedrückt wird. Daher bezeichnet $\dot{A}$ die Ableitung von A nach der Zeit t.

Zu jedem Zeitpunkt wird Lestiboudois' Nutzen durch die Ernte- und die Begräbniseinkünfte festgelegt. Werden diese Werte mit der Diskontrate r exponentiell gewichtet und über einen unendlichen Zeithorizont akkumuliert, so erhält man die zu maximierende Zielfunktion.

Für den Fall einer streng konkaven Funktion[16] $f(A)$ der Ernteeinkünfte läßt sich ein Wert $\hat{A}$ so durch die Gleichung

$$f'(\hat{A}) = rB/g$$

---

[16]d.h. eine Funktion deren erste Ableitung nach dem Argument A strikt positiv und deren zweite strikt negativ ist.

angeben, daß für eine zu Beginn des Planungshorizonts vorhandene Anbaufläche A_0, die diesen Wert übersteigt, Lestiboudois' beste Antwort auf den Zug der Natur darin besteht, vorerst kein Begräbnis auszulassen. Diese Entscheidung ist irreversibel; sie vermindert stetig die Anbaufläche und zwingt Lestiboudois letztlich für den Fall, daß nur noch eine Anbaufläche im Ausmaß von $\hat{A}$ zur Verfügung steht, seine Totengräberpflichten völlig zu vernachlässigen.

Wie kommt diese intertemporal beste Antwort nun zustande? Lestiboudois muß wohl seine Wahl unter der dynamischen Bedingung der Anbauflächenabnahme treffen. Gemäß den Empfehlungen des Pontrjaginschen Maximumprinzips kann man jedoch stattdessen auf die Lösung folgender unendlichen Schar statischer Spielsituationen[17] zurückgreifen:

$$\max_{0 \leq \omega(t) \leq 1} \left\{ f\big(A(t)\big) + B\omega(t)m(t) + \lambda(t)[-g\omega(t)m(t)] \right\}.$$

Diese Lösung wird zu jedem Zeitpunkt t durch

$$\hat{\omega}(t) = \begin{cases} 1 & \text{falls } \lambda(t) < B/g \\ 0 & \text{andernfalls} \end{cases}$$

festgelegt, wobei die Bewertung der dynamischen Abnahme der Anbaufläche über die Schattenpreisgleichung

$$\dot{\lambda}(t) = r\lambda(t) - f'\big(A(t)\big)$$

zu erfolgen hat.

Ein Kompendium der für das Maximumprinzip wesentlichen Methoden liefert Feichtinger und Hartl [34]. Für den Bereich der Differentialspiele verweisen wir auf Mehlmann [70]. Im folgenden Abschnitt wenden wir uns einer — im wörtlichen Sinne — klassischen Anwendung[18] der Theorie der Differentialspiele zu.

---

[17]die im wesentlichen Einpersonenspiele sind.

[18]Es handelt sich dabei um eine der wenigen Obsessionen, die der Autor dieser Zeilen des öfteren öffentlich (unter anderem in [72], [35] und [71]) eingestanden hat.

4.3 Eine Faustregel für Mephisto

> Werd ich zum Augenblicke sagen:
> Verweile doch! du bist so schön!
> Dann magst du mich in Fesseln schlagen,
> Dann will ich gern zugrunde gehn!;
>
> **Johann Wolfgang von Goethe.** Faust

Das ursprüngliche Faustmotiv geht von einem auf begrenzte Zeit abgeschlossenen Teufelspakt zwischen Seelenfischer und Altakademiker aus. Bei Goethen erfährt dieser Pakt eine Umwandlung in eine Wette, deren wesentliches Kriterium den Zeitpunkt, zu dem Faust seiner Seele verlustig gehen soll, bestimmt.

Mephisto vermutet, daß der höchste Augenblick nur durch verführerische Machinationen[19] herbeizitiert werden kann, und schätzt dieses durchaus erfreuliche Risiko als jeweils direkt proportional zur momentanen Verführungsintensität $u_1(t)$ ein, d.h.

$$\dot{x}_1 = c_1 u_1 (1 - x_1),$$

wobei c_1 eine Konstante und die Anfangswertbedingung durch $x_1(0) = 0$ gegeben ist.

Faust hingegen, bezweifelt[20] Mephistos Sicht. Er ist sich bewußt, daß der entscheidende Augenblick nur durch (tätige) Reue erreicht werden kann, d.h. in spiegelbildlicher Umkehrung des teuflischen Formelwerks

$$\dot{x}_2 = c_2 u_2 (1 - x_2),$$

wobei c_2 eine Konstante, die Anfangswertbedingung durch $x_2(0) = 0$ gegeben und $u_2(t)$ die momentane Reue ist.

---

[19]Ein solcher Auftrag schreckt mich nicht
Mit solchen Schätzen kann ich dienen;
Faust 1, *ii*, Zeilen 1688-1689.

[20]Was willst du armer Teufel geben?
Ward eines Menschen Geist, in seinem hohen Streben,
Von deinesgleichen je gefaßt;
Faust 1, *ii*, Zeilen 1675-1677.

$$J_1 = \int_0^T [V\dot{x}_1 - (d_1 u_1^2 + d_2 u_2)(1-x_1)]\,dt$$

$$J_2 = \int_0^T [g_1 u_1(\bar{u}-u_1) + g_2 u_2(2u_1-u_2)(1-x_2)]\,dt$$

$$\dot{x}_1 = c_1 u_1(1-x_1)\ ;\ x_1(0) = 0$$
$$\dot{x}_2 = c_2 u_2(1-x_2)\ ;\ x_2(0) = 0$$

Bild 4.6 Die Teufelswette

Wie in Bild 4.6 verzeichnet,[21] besteht Mephistos erwartete Auszah-

---

[21]Mephisto nebst Faust sind als graphisches Zitat einem berühmten Vorbild nachempfunden. Für die größtmögliche Verbreitung dieser Vorlage hat verdienstvoller Weise die

lungsfunktion J_1 aus zwei Komponenten—jede gewichtet mit der Wahrscheinlichkeit des sie bedingenden Ereignisses. Falls er zum Zeitpunkt t die Wette gewinnt, erhält Mephisto den Gegenwert[22] V für Fausts Seele. Ist der höchste Augenblick noch nicht erreicht, so muß der arme Teufel mit einem quadratischen Aufwand[23] $d_1 u_1^2$ und dem ihm aus Faustens Reue entstandenen Disnutzen $d_2 u_2$ rechnen.

Im Gegensatz zu Mephisto verknüpft Faust keinerlei Erwartungen an das Jenseits.[24] Aus Freudscher Sicht und aus Goethescher Deutung[25] lassen sich Motivation und Komponenten des zweiten Zielfunktionals den verschiedenen Schichten der faustischen Seele zuordnen. Das hedonistische Es bezieht den konkaven Nutzen $g_1 u_1(\bar{u} - u_1)$ aus der momentanen Verführung, wobei $\bar{u}$ für die natürliche Schranke seiner libidinösen Bedürfnisse steht. Das moralische Überich kann maximal die momentane Verführung bereuen, was unmittelbar aus der Gestalt des zweiten Nutzenterms $g_2 u_1(2u_1 - u_2)$ abzuleiten ist.

Definiert man für beide Spieler jeweils zeitabhängige Kozustände μ_{ij} für $i, j = 1, 2$ als Bewertung der Spielstände x_i über den Zeitenlauf, so kann man für jeden Zeitpunkt t folgende unendliche Schar statischer Spielsituationen bilden:

$$\max_{u_1}\{V\dot{x}_1 - (d_1 u_1^2 + d_2 u_2)(1 - x_1) + \mu_{11}\dot{x}_1 + \mu_{12}\dot{x}_2\}$$

$$\max_{u_2}\{[g_1 u_1(\bar{u} - u_1) + g_2 u_2(2u_1 - u_2)](1 - x_2) + \mu_{21}\dot{x}_1 + \mu_{22}\dot{x}_2\}$$

Faust reagiert nun (im Sinne seiner besten Antwort) auf jede teuflische

---

Deutsche Bundespost mit ihrer 60 Pfennig Briefmarke „Doctor Johannes Faust" aus dem Jahre 1979 gesorgt.

[22]Mir ist ein großer, einziger Schatz entwendet:
Die hohe Seele, die sich mir verpfändet;
Faust 2, *ii*, Zeilen 11828-11829.

[23]Ein großer Aufwand, schmählich! ist vertan;
Faust 2, *v*, Zeile 11837.

[24]Das Drüben kann mich wenig kümmern;
Faust 1, *ii*, Zeile 1660.

[25]Zwei Seelen wohnen, ach, in meiner Brust,
Faust 1, *i*. Vor dem Tore.

Machination $\tilde{u}_1$ gemäß[26]:

$$\hat{u}_2 = u_1 + \frac{\mu_{22}c_2}{2g_2}.$$

Läßt sich Mephisto auf ein simultanes Spiel gegen Faust ein, so lautet seine beste Antwort:

$$\hat{u}_1 = \frac{c_1(V + \mu_{11})}{2d_1}.$$

Weitaus teuflischer wäre es jedoch, wenn er — in berechnender Voraussicht des zu erwartenden Faustschen Reflexes — die zu jedem Zeitpunkt günstigste Verführungsportion

$$\tilde{u}_1 = \frac{c_1(V + \mu_{11}) - d_2 + c_2\mu_{12}(1 - x_2)(1 - x_1)^{-1}}{2d_1}.$$

wählen würde.

Das Strategienpaar $(\hat{u}_1, \hat{u}_2)$ stellt ein Nash-Gleichgewicht der unendlichen Schar statischer Spielsituationen bei simultaner Spielweise dar. Nimmt man hingegen an, daß Faust als erster Spieler zieht, so erhält man $(\tilde{u}_1, \hat{u}_2)$ als Gleichgewicht. Um daraus die entsprechenden Gleichgewichte des Differentialspiels zu erhalten, hat man nur die Kozustände durch Lösungen der aus dem Maximumprinzip abzuleitenden Differentialgleichungen zu ersetzen. Für die simultane Spielweise sind diese Gleichungen wie folgt gegeben:

$$\dot{\mu}_{11} = -(d_1 u_1^2 + d_2 u_2) + c_1 u_1 \mu_{11};$$

$$\dot{\mu}_{22} = -[g_1 u_1(\bar{u} - u_1) + g_2 u_2(2u_1 - u_2)] + c_2 u_2 \mu_{22};$$

$$\mu_{11}(T) = 0, \quad \mu_{22}(T) = 0.$$

Unmittelbare Aussagen zum Ausgang der Teufelswette lassen sich nur unter den von Mehlmann und Willing in ihrem mathematischen Urfaust [72] festgelegten Voraussetzungen ableiten:

---

[26]man bildet einfach die erste Ableitung der statischen Zielfunktion, die Faust zugeschrieben wird, bezüglich u_1 und setzt sie gleich Null.

Kasten 4.1: Faust-Mephistophelisches Konsistenztheorem

1. *Je mehr die Reue Mephisto irritiert, und je höher er die erwartete akkumulierte Verführung $1/c_1$ ansetzt, die notwendig wäre um den höchsten Augenblick auszulösen, desto höher muß die Seelenprämie sein um die Wette überhaupt ausspielen zu können.*

2. *Je höher Faustens Libido anzusetzen ist, desto weniger darf das Verführen Mephisto kosten, respektive die Reue Faust Genuß verschaffen; desto höher, andererseits, sollte die Reue Mephisto irritieren, respektive das Verführen Faust verlocken.*

3. *Die Gewichtung des Nutzens der Faust aus der Verführung erwächst muß mindestens 75% der Gewichtung des ihm durch die Reue entstehenden Gewinns betragen, d.h. $4g_1 \geq 3g_2$*

Für den Fall einer höheren Gewichtung des Nutzens, den Faust aus der Verführung bezieht, läßt sich das gleichgewichtige Wechselspiel von Verführung und Reue in Bild 4.7 beschreiben.

Obwohl Faust der Verführung weitaus mehr abgewinnen kann, besteht seine Gleichgewichtsstrategie im Überbereuen. Dieses paradox scheinende Verhalten kann wie folgt erklärt werden. Da Mephisto durch Faustens Reue so sehr gestört wird, muß er auf ein baldiges Ende der Wette drängen. Er setzt deshalb seine Machinationen viel zu hoch an und senkt sie nur dann ab, wenn der Seelenwert V^{27} für ihn nicht verlockend genug ist.

Faust bezieht also in Wirklichkeit keinen Nutzen aus dem, was ihm der Teufel bietet. Da der Disnutzen aus der übertriebenen Verführung überdies (mindestens) doppelt so stark in's Gewicht fällt, hat Faust selbst ein großes Interesse, die Wette durch Überbereuen abzukürzen. Dies mag auch der Grund sein, weshalb es in Faust 2 zu einem für Mephisto so

---

[27]in Bild 4.7 als Punkt auf der strichlierten Geraden $u_2 - u_1 = 0$ verzeichnet.

79

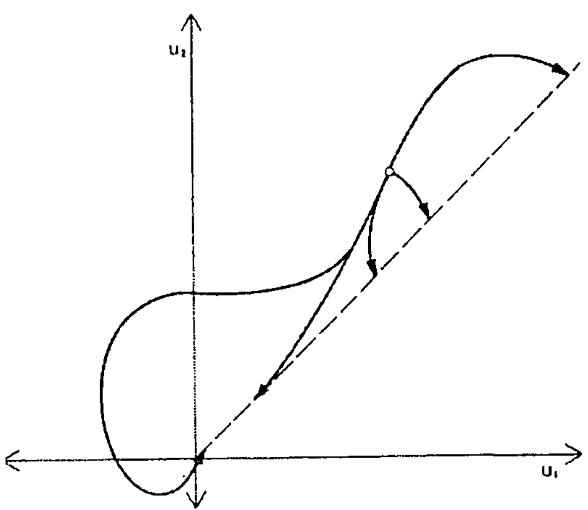

Bild 4.7   Ein Phasendiagramm zu Goethes Faust

enttäuschendem Ausgang kommt. Er erkennt, daß seine Sicht des Spiels falsch war[28] und er der Betrogene ist.

In Bild 4.8 ist ein Gegenstück zur Goetheschen Tragödie dargestellt. Eine vertretbare Interpretation dieser Situation läßt sich durch Verweis auf das ursprüngliche Faustmotiv — wie es zum Beispiel bei Cristopher Marlowe Bühnenwirksamkeit erlangt — erstellen.

Mephisto zwingt Faust in diabolischer Weise zum Unterbereuen — dessen stärkere Gewichtung des Reuenutzens ausnützend. Im Unterschied zum ersten Diagramm wird Fausts Gesamtnutzen dadurch positiv, Mephistos Nutzen hingegen vermindert; eine Situation , die ein vorzeitiges Ende der Wette unwahrscheinlich macht. Knapp vor Ablauf der Frist verzeichnet Mephisto vorerst eine Abnahme der Verführungsintensität, während Faust seine Reue steigert, um sich sodann vom Teufel mitreißen zu lassen.

Für einen relativ hohen Seelenwert kann man das bei Marlowe be-

---

[28]Ihn sättigt keine Lust, ihm gnügt kein Glück. Faust 2, v, Zeile 11587.

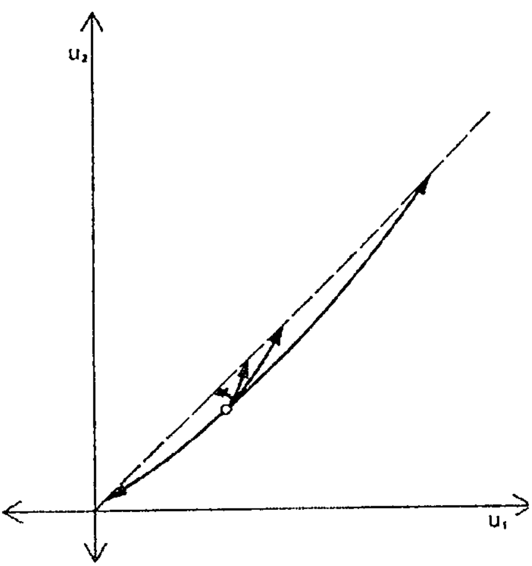

Bild 4.8   Ein Phasendiagramm zu Marlowes Faust

schriebene Nachlassen der teuflischen Aktivitäten und Faustens allzu
späte — und deshalb sinnlose — Reue[29] beobachten.

---

[29]Unseliger Faust, wo findest du nun Gnade? Ja, ich bereue und verzweifle trotzdem.
The Tragical History of Doctor Faustus, 5ter Akt, 14te Szene

Teil II

Die Mythen der Spieltheorie

Der Mensch unseres Zeitalters hat die Mythen rationalisiert,
aber er war nicht in der Lage, sie zu zerstören.
Octavio Paz. Das Labyrinth der Einsamkeit

Kann man wirklich ehrlichen Herzens die Muster der Spieltheorie bewundern, ohne der Rätsel, Paradoxa und Mythen zu gedenken, an deren Quelle die ersten strategischen Gedankengänge entstanden?

Der Reigen der Modelle im folgenden Teil kann als Beleg für die gegenseitige Befruchtung zwischen der Mathematik des Konfliktes und den literarisch tradierten Mythen angeführt werden. Wir beginnen mit dem seltsamen Beispiel eines mathematischen Modells, das zu einem narrativen Mythos wurde.

In der Folge werden uns die Paradoxien[30] der Rückwärtsrechnung und die grundlegenden Fragen der spieltheoretischen Scholastik beschäftigen. Auf dem Weg von der gemeinsamen Gewißheit (*common knowledge*) in den logischen Treibsand der bedingten Entscheidungen wider den Lauf der Dinge (*counterfactuals*) werden uns literarische Motive als Wegzeichen dienen.

Letztlich verdient der zweite Teil über die Mythen der Spieltheorie einen würdigen Abschluß. Im letzten Kapitel versucht ein spieltheoretisches Modell das mythische Geschehen in der 95ten Fabel des Hyginus strategisch zu durchleuchten.

---

[30]**Francisco José de Goya y Lucientes'** berühmtes — auf der 43ten Platte der *Los Caprichos* eingraviertes — Zitat: *„El sueño de la razón produce monstruos"* findet im spieltheoretischen Zusammenhang seine faszinierende Umkehrung. Die Monster der Paradoxie verdanken ihre Entstehung eher dem Wachzustand als dem Schlaf der Vernunft.

Kapitel 5
Das Gefangenendilemma

Bei jedem Einzelnen ist die Angst vor Verrat größer als die Gier nach Belohnung oder die Sorge um die eigene Straffreiheit. Er verrät mit Eifer und beizeiten, bloß damit er selber nicht verraten werde.

Edgar Allan Poe. Das Geheimnis um Marie Rogét

Ist die Spieltheorie ein Tummelplatz für Binsenwahrheiten? Auf den ersten Blick ist man durchaus versucht, diesem Eindruck nachzugeben. Die Rezeption der allgegenwärtigen Tuckersche Anekdote hat zumindest das rhetorische Repertoire professioneller Schaumschläger um eine zusätzliche Trumpfkarte bereichert. Die Welt, die bislang nur rund war, ist nun "kein Nullsummenspiel" mehr, und alles, was da kreucht und fleucht, ist samt und sonders dem „Gefangenendilemma" ausgeliefert.

Wir begeben uns in der Folge auf die verspielte Suche nach einem Paradigma für Situationen, in denen die Versuchung, den Gegenspieler zu täuschen, über die Bereitschaft, ihm Vertrauen entgegenzubringen, triumphiert.

5.1   Varianten, die wir kannten

Was ist da bloß dem venerablen Albert W. Tucker, seines Zeichens Mathematiker in Princeton, eingefallen, als er eines schönen Maientages (im Jahre des Herrn 1950) Stanforder Psychologen die Geheimnisse einer aufstrebend neuen Disziplin namens Spieltheorie enthüllte?

Das einzige, was er dem fachfremden Auditorium reinen Gewissens präsentieren konnte, war ein seltsames experimentelles Spiel, in das ihn Kollegen (wie er Konsulenten bei RAND) eingeweiht. Merill Flood und

Melvin Dresher hatten zum höheren Ruhm der Wissenschaft zwei unschuldige menschliche Versuchskaninchen in eine 100-Runden-Schlacht um lächerliche Groschenbeträge gehetzt. Im Verlauf dieser legendären Auseinandersetzung nahmen die bedauernswürdigen Kombattanten Entwicklungen vorweg, die für beinahe ein halbes Jahrhundert das Gesicht der modernen Spieltheorie prägen sollten. Im Wechselspiel aus Kooperation, Treuebruch, Vergeltung und Vergebung kristallisierte sich im statistischen Mittel ein eigenartiges Ergebnis: die Tendenz zur fortgesetzten Zusammenarbeit, die im krassen Widerspruch zur allseits erwarteten Lösung — dem Nash-Gleichgewicht — stand.

Tucker hatte wohl zurecht vermutet, daß dieses Verhalten nur dem interaktiv-dynamischen Charakter des (wiederholten) Spiels zuzurechnen war. Er schränkte den Zeitrahmen auf eine singuläre Konfrontation ein und rückte hiermit die Gültigkeit der Theorie seines Lieblingsschülers Nash wieder ins Lot. Seine nächste Änderung bewirkte jedoch etwas bei weitem Entscheidenderes; sie verwandelte ein rein schematisches (Zahlenbei-)Spiel in den lebendigen Mythos des Gefangenendilemmas.

In einer Art stillen Post wurde die Tuckersche Anekdote im Zeitenlauf von Lehrbuch zu Lehrbuch weitergereicht. Eine ehrenwerte Tradition, der wir uns ebenfalls nicht verschließen konnten.

Kasten 5.1: Die Tuckersche Anekdote

Bonnie und Clyde werden nach einem mißglückten Banküberfall geschnappt und in verschiedenen Zellen untergebracht. Der Staatsanwalt kann den beiden, falls sie nicht gestehen sollten, nur verbotenen Waffenbesitz nachweisen. Dafür gibt es drei Jahre Gefängnis. Falls einer der beiden standhaft bleibt, der andere jedoch gesteht, so wird der Geständige, als Zeuge der Anklage, ein Jahr ausfassen, sein Stehvermögen beweisender Partner jedoch 9 Jahre. Gestehen beide, so müssen sie 7 Jahre absitzen. Vor diese Wahl gestellt, wie werden sie sich verhalten?

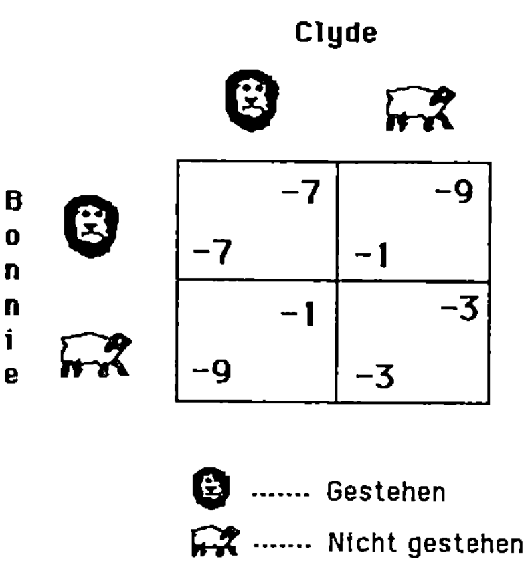

Bild 5.1 Tuckers Anekdote als Bimatrixspiel

In Bild 5.1 haben wir die Gefängnisstrafen als negative Nutzenwerte umgesetzt. Gemäß dem Hinweis in Fußnote[22] kommt es weder auf den Ursprung unserer Nutzenskala noch auf die Größe unserer Nutzeneinheit an. Wir können somit sämtliche Nutzenwerte um den Betrag 7 vergrößern und danach durch den Wert 4 dividieren, ohne daß sich die Eigenschaften unseres Spieles verändern.

Die in Bild 5.2 dargestellte Spielmatrix kann mit Fug und Recht als die „Mutter aller Gefangenendilemmas" angesehen werden. $-d$ bezeichnet des Dodels Lohn (eine zugegebenermaßen eher unbeholfene Übersetzung des englischsprachigen: *sucker's payoff*), wogegen v für den Lohn des Verräters steht. Für die in Tuckers Anekdote angeführten Strafen erhält man nach der vorgeschlagenen positiv–linearen Transformation: $d = 1/2$ und $v = 3/2$.

Man beachte, daß beide Spieler nicht kommunizieren können (es gibt keine Möglichkeiten Kassiber von Zelle zu Zelle zu schmuggeln), und es deswegen für jeden Spieler mehr als zweifelhaft ist, ob sich der andere der Aussage entschlagen wird. In der Sprache der Spieltheorie heißt dies, daß es weder einen Informationsaustausch und schon gar keine bindenden Vereinbarungen zwischen den Spielern geben kann.

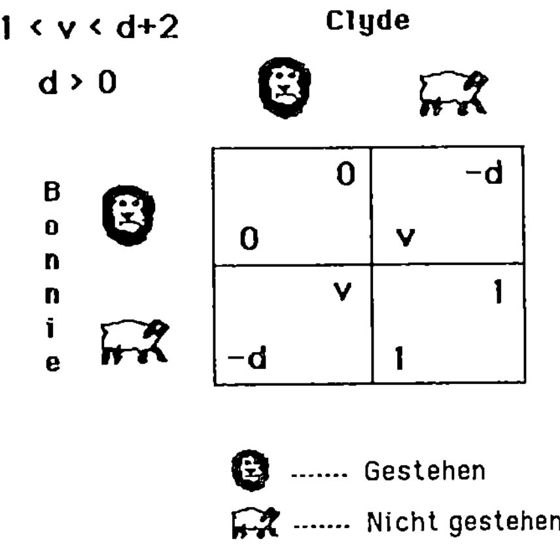

Bild 5.2 Die Mutter aller Gefangenendilemmas

Die Bimatrix des Gefangenendilemmas besitzt bekanntlich ein eindeutiges Nash-Gleichgewicht. Nimmt man nämlich an, daß Bonnie gesteht, so wäre es für Clyde purer Wahnsinn nicht zu gestehen, da er in diesem Fall seinen Nutzen von 0 auf $-d$, des Dodels Lohn vermindert. Genau das gleiche Argument läßt sich für Clyde vorbringen. Es gibt jedoch einen Spielausgang, der beiden Spielern mehr als das Gleichgewicht einbringen würde. Falls nämlich beide nicht gestehen, könnten sie ihren Gewinn von 0 auf 1 erhöhen. Unglücklicherweise erreicht man mit dieser Spielweise kein Gleichgewicht. Gesteht Bonnie nicht, so würde Clyde zweifellos sofort gestehen, da dies seinen Gewinn von 1 auf v, des Verräters Lohn, erhöht. Obwohl somit die kooperative Spielweise des Nichtgestehens das Gleichgewicht wertmäßig dominiert, kann die nicht-kooperative Theorie des Normalformspiels diesen Spielausgang nicht als Lösung des Gefangenendilemmas auswählen.

Dieser Umstand ist, mißverständlich, als schwerwiegendes Manko der Lösungstheorie für Nichtnullsummenspiele in Normalform bewertet worden. Wir wollen in der Folge zwei der zahlreichen Ansätze besprechen, die diesen vermeintlichen Defekt beseitigen helfen. Allen Ansätzen gemeinsam ist das Sprengen der statischen (sprich ein-periodigen) Form, die (korrekterweise und den Regeln des Normalformspiels entsprechend) voraussetzt, daß beiden Spielern nur die Wahl eines (endgültigen) Zuges offensteht.

Die Rahmenhandlung des Gefangenendilemmas hat überdies zu berechtigter Kritik Anlaß gegeben. Sie negiert das offensichtlich vorhandene (soziale und kriminelle) Vorleben der beiden Inkulpaten. Sollten zwischen Bonnie und Clyde etwa zarte Bande bestehen; können beide genügend Sizilianisch, um zu wissen, was *omerta* bedeutet? Fragen über Fragen, die nicht zuletzt die Nachfrage nach fundierteren Varianten des Hinter-Gittern-Melodrams geweckt haben. So verdanken wir unter anderem Rapoport den ungetrübten Kunstgenuß eines Gefangenendilemmas für Opernliebhaber.

Kasten 5.2: Rapoports Tosca-Paraphrase

In einem verzweifelten Versuch ihren, bereits vor einem Erschießungspeleton stehenden, Liebhaber Cavaradossi zu retten, läßt sich Tosca auf eine fatale Vereinbarung mit dem Schergen Scarpia ein. Sie ist bereit, sich ihm hinzugeben, falls er vorher dafür sorgt, daß die Hinrichtung (unter Vorspiegelung falscher Tatsachen) mit Platzpatronen erfolgt. Der Strudel eines Gefangenendilemmas reißt Tosca und Scarpia publikumswirksam in die Tiefe, nicht ohne den beiden eine letzte Gelegenheit zu einer Arie einzuräumen. Jeder von beiden bricht die Vereinbarung durch die Wahl seiner strikt-dominanten Strategie. So hat Scarpia den Befehl zum Patronentausch heimlich konterkariert; Tosca, ihrerseits, ersticht den Liebestollen bei der ersten Annäherung mit einem offenbar auf offener Bühne vom Requisiteur vergessenen Messer.

Die von Rapoport postulierten Maßzahlen für des Dodels Lohn und den Lohn des Verräters stehen an Glaubwürdigkeit dem Opernlibretto um nichts nach.

Eine eher ungewöhnliche Auflösung des Gefangenendilemmas gelingt einer Variante, die wir Gregor von Rezzoris schönsten maghrebinischen Geschichten verdanken.

Kasten 5.3: Das maghrebinische Gefangenendilemma

In Maghrebinien bestrafte man geständige Verbrecher doppelt streng, „da sie zu ihrer Unverfrorenheit der Vergehung gegen die Gesetze auch noch die Schamlosigkeit hatten, ihre Untat zu bekennen." ([85], p. 156) Ein Geständnis machte sich demzufolge nicht bezahlt. Verdoppelt man nämlich die in Bild 5.1 angeführten Strafen der Geständigen, so erhält man (wie in Bild 5.3 offensichtlich) das eindeutige Nash-Gleichgewicht (Nicht Gestehen, Nicht Gestehen).

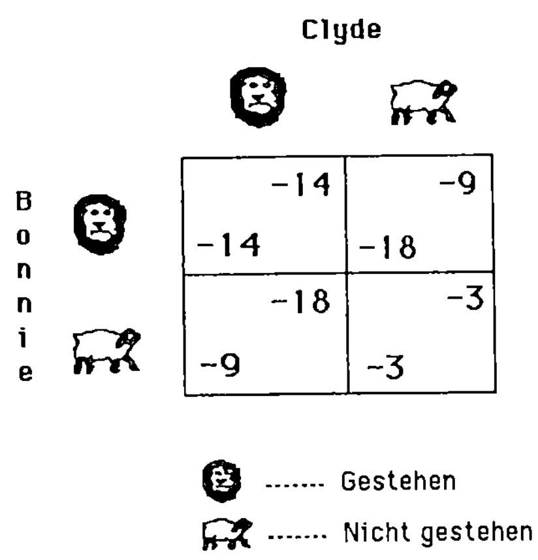

Bild 5.3 Maghrebinisches Gefangenendilemma

5.2 Das Turnier der Automaten

Axelrod [6] analysiert einen interesanten Ansatz zur Auflösung des Gefangenendilemmas, der darin besteht, eine mögliche Wiederholung des Spiels zuzulassen. Mathematisch bedeutet dies, daß es eine positive Zahl w^{n-1} gibt, die für die Wahrscheinlichkeit steht, daß Bonnie und Clyde zum n-ten Male in die gleiche (schlimme) Lage geraten.

Ist dies der Fall, so können sie jedoch positive und negative Erfahrungen mit in der Vergangenheit ausgefaßten Strafen in ihren Entscheidungsprozeß einbringen, und somit Strategien entwickeln, die auf diesen Informationen beruhen.

Es erfolgt somit eine Rückbesinnung auf die deskriptiven Wurzeln des Gefangenendilemmas. Statt in einem statischen Spiel vor zwei Alternativen zu stehen, hat Bonnie nunmehr mit einem Gedächtnis versehene Strategien für ein Spiel zur Verfügung, das (bei einem strikt positiven w) nie enden wird.

Um sich einen Überblick über geeignete Strategien zu verschaffen, die in der Lage sind, Kooperation als wünschenswertes Ziel im Gefangenendilemma darzustellen, hat Axelrod ein Computer-Turnier[1] für Strategien ausgeschrieben. Strategien, die als kurze oder weniger kurze Programme eingeschickt wurden, erhielten die Gelegenheit gegen sich selbst und gegen jede andere anzutreten. Gewinner sollte diejenige Strategie sein, die aus sämtlichen Auseinandersetzungen mit einer Höchstzahl erreichter Punkte hervorgehen würde.

Die Anzahl der Iterationen des einstufigen Dilemmas, die für ein einfaches Gefecht vorgesehen war, wurde allen Teilnehmern verschwiegen. Während Axelrod anfänglich den Teilnehmern an seinem Turnier 200 Runden in Aussicht stellte, trimmte er schließlich den Zweikampf auf ein unendlich oft wiederholbares Spiel hin. Um etwaige Proteste über diese plumpe Regeländerung zu entkräften, sorgte er jedoch dafür, daß zumindest die erwartete Anzahl der Wiederholungen der ursprünglich vorgegebenen Rundenzahl entsprach.

---

[1]Die Wege zum Ruhm sind manchesmal verschlungen, öfter jedoch seltsam. Axelrod ist wohl der erste moderne Ritter der Wissenschaft, der es über ein Turnier geschafft hat.

Kasten 5.4: Die Lehren des Axelrod-Turniers

Das Axelrod-Turnier ist aus vielerlei Gründen beispielhaft. Es demonstriert,

1. *wie in einem Spiel (durch das Prinzip der Wiederholbarkeit) Lernverhalten und Gedächtnis entstehen kann.*

2. *wie Strategien, als eine Art automatische Stellvertreter, selbst in einem unendlich oft wiederholten Spiel nur eine auf endlich viele Umweltzustände basierte Information benötigen, um erfolgreich zu reagieren.*

3. *daß — wie Max Merkel, der Prophet des runden Leders, durchaus richtig bemerkt hat — „Taktik" genau das „ist", „was einen der Gegner spielen läßt".*

4. *daß Erfolg von Anzahl und Art der Gegenstrategien im evolutionären Sinne[2] abhängt.*

TitForTat (Wie du mir, so ich dir), eine Strategie die von Anatol Rapoport eingeschickt wurde, errang trotz ihrer Einfachheit den Sieg. Ihr strategisches Programm läßt sich wie folgt verbal festlegen: *Kooperiere in der ersten Runde (d.h. nicht gestehen), in jeder weiteren tue genau das, was dein Gegner in der Runde zuvor gemacht hat.*

Nun sagt ja bekanntlich ein Bild mehr als tausend Worte. Aus diesem Grunde haben wir uns für folgende anschaulichere (wenn auch mathematisch anspruchsvollere) Beschreibung der *TitForTat*-Strategie entschieden.

Der erste Zug initialisiert das strategische Verhalten des Spielers. Übergänge aus einem aktiven Verhaltenzustand in einen anderen werden jeweils durch die gegnerische Aktion in der vorangegangenen Spielrunde

---

[2]Hier schlägt uns wiederum die Stunde der Mutanten.

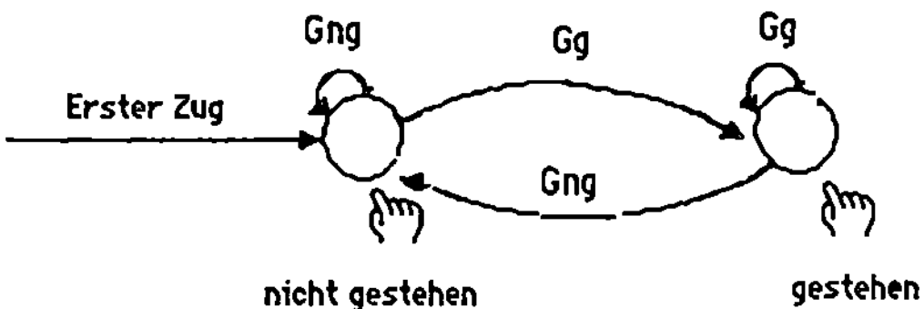

Bild 5.4 TitForTat als Moore-Maschine

ausgelöst. Die zur Verfügung stehende Information ist hierbei entweder Gg (Gegner hat gestanden) oder Gng (Gegner hat nicht gestanden). Der Spieler hat nunmehr in Gestalt des endlichen Automaten einen idealen Stellvertreter für den Zweikampf in einem Computerturnier gefunden.

Niemand vermag es besser als Meinungsforscher und Meteorologen, die Gründe für das Eintreffen eines nicht vorausgesagten Ereignisses darzulegen. Axelrod bewies zumindest ähnliche Nehmerqualitäten, als er in seiner Manöverbesprechung an *TitForTat* einige (im nachhinein) unverkennbare Siegermerkmale entdeckte. Das erste dieser Kennzeichen war die <u>Klarheit</u>, wobei uns in diesem Zusammenhang eher die <u>(Wieder)Erkennbarkeit</u> durch mögliche Gegner bemerkenswert scheint. Im Gegensatz zum gemeinen *MeanTitForTat*

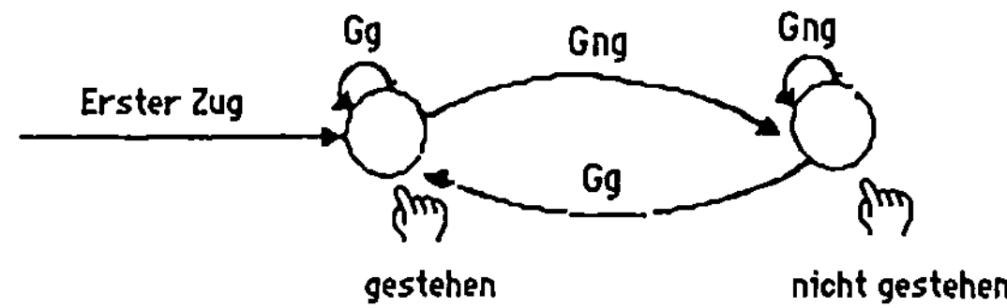

Bild 5.5 MeanTitForTat als Moore-Maschine

ist *TitForTat* <u>freundlich</u>, da es in der ersten Runde stets dicht hält. Freundlichen Strategien wie der *LeberWurst*[3]

---

[3]deren Markenzeichen das Beleidigtsein ist und nicht so sehr, wie der englischspra-

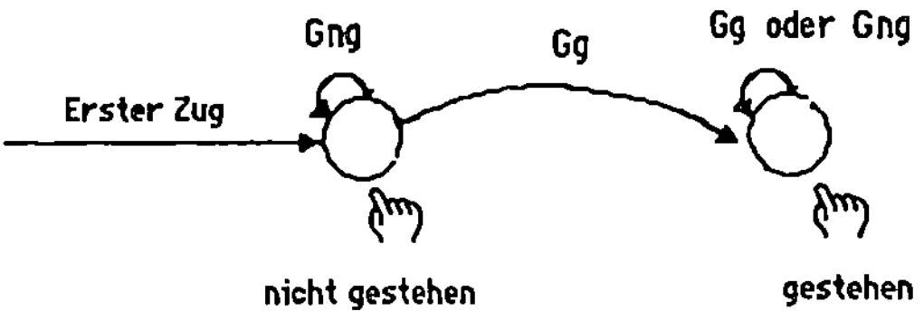

Bild 5.6 LeberWurst als Moore-Maschine

hat *TitForTat* die Eigenschaft voraus, nicht nachtragend zu sein. Zu guter Letzt ist *TitForTat* <u>reizbar</u>, ja man könnte sie nach einem Vergleich mit der ebenfalls reizbaren Strategie *TforTwo*[4]

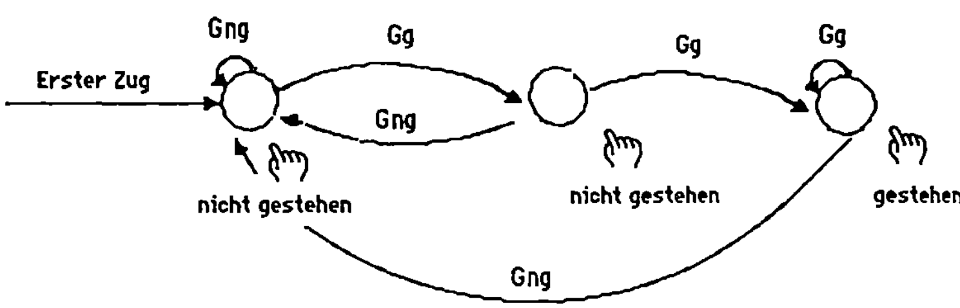

Bild 5.7 TforTwo als Moore-Maschine

eher als <u>aufbrausend</u> bezeichnen.

Gemeinhin halten Spieltheoretiker diese letztere Eigenschaft für die augenfälligste Schwäche der im Turnier so erfolgreichen Spielregel. Sie verleitet dazu, selbst einmalige Ausrutscher unbarmherzig zu ahnden.

---

chige Fachbegriff *grim* es vermuten ließe, die Gnadenlosigkeit.

[4]wird allen Ernstes als *TeaForTwo* gelesen. Humorlose Gesellen bezeichnen diese Strategie allgemein als *TitForTwoTat. Chacun à son goût.*

So löst zum Beispiel ein Kräftemessen zwischen *TitForTat* und ihrem gemeinen Zwilling ab der zweiten Runde ein durch nichts mehr zu revidierendes gemeinsames Gestehen. *TForTwo* und *MeanTitForTat* befinden sich dagegen im gleichen Zeitraum bereits auf einem fortgesetzten Kooperationskurs. Axelrods Einschätzung nach wäre wohl *TForTwo* an Stelle von *TitForTat* zur Siegerin gekürt worden, wenn sie nur am Turnier teilgenommen hätte.

5.3 Weitsichtige Gleichgewichte

In Verallgemeinerung des von Brams und Wittman [17] eingeführten Lösungskonzeptes eines *nicht-kurzsichtigen Gleichgewichtes*, schlägt Kilgour [59] folgende Vorgangsweise vor:

Um die Rationalität seiner Strategienauswahl überprüfen zu können, spielt jeder Spieler (in Gedanken) extensive Spiele durch, die ein Abweichen von einem gegebenen Strategienpaar (sprich Spielausgang) zulassen. Nehmen wir nunmehr an, daß Bonnie den Spielausgang *(Gestehen, Gestehen)*, den wir in der Folge (der Einfachheit halber) nur durch die zugehörige Spielausgangsbewertung (0, 0) identifizieren wollen, als Ausgangspunkt ihrer Überlegungen wählt.

Bonnie sieht sich in der Rolle des ersten Spielers, der in einem extensiven Spiel Zugrecht hat, das folgendermaßen abläuft. Sie hat zwei Möglichkeiten [Z]: vom Spielausgang (0, 0) wegziehen, oder [B]: im Spielausgang (0, 0) bleiben.

Entscheidet sich Bonnie für [Z], so ist der neue Spielausgang durch $(-d, v)$ gegeben (da Bonnie sich nur in der gleichen Spalte der Bimatrix weiterbewegen kann), und Clyde steht nunmehr vor der Aufgabe, sich entweder mit $(-d, v)$ zufrieden zu geben, oder seinerseits wegzuziehen (indem er sich zum nächsten Spielausgang weiterbewegt, der sich in der gleichen Zeile wie $(-d, v)$ befindet).

Wir wollen nunmehr diese extensiven Spiele zeitlich begrenzen, indem wir annehmen, daß nach der k-ten Entscheidung [Z] der Spielbaum des extensiven Spiels abgeschnitten wird. Das Spiel ist ebenfalls zu Ende falls sich ein am Zug befindlicher Spieler für das Bleiben entscheidet.

Für den Spezialfall $k = 3$ haben wir den Spielbaum des extensiven Spiels, das Bonnies Entscheidungen bezüglich des Zustandes $(0, 0)$ beschreibt, abgebildet

$$
\begin{array}{lll}
(0, 0) & [B] & \\
Bonnie & \longrightarrow & (0, 0) \\
{[Z]} \downarrow & & \\
(-d, v) & [B] & \\
Clyde & \longrightarrow & (-d, v) \\
{[Z]} \downarrow & & \\
(1, 1) & [B] & \\
Bonnie & \longrightarrow & (1, 1) \\
{[Z]} \downarrow & & \\
(v, -d) & &
\end{array}
$$

Bild 5.8 Bonnies Züge aus dem Zustand $(0, 0)$

Dieses extensive Spiel kann relativ leicht gelöst werden, indem man eine Rückwärtsrechnung durchführt. Wir beginnen beim letzten am Zug befindlichen Spieler und entscheiden uns für denjenigen seiner Züge, der ihm offensichtlich mehr Profit einbringt. In unserem Beispiel ist dies Bonnie:

$$
\begin{array}{lll}
(1, 1) & [B] & \\
Bonnie & \not\longrightarrow & (1, 1) \\
{[Z]} \downarrow & & \\
(v, -d) & &
\end{array}
$$

Bild 5.9 Bonnies letzter Zug

Bonnie sollte sich für $[Z]$ entscheiden. Somit ist der Zug $[B]$ zu entwerten. (Dies erfolgt durch einfaches Durchstreichen).

Auf der vorletzten Stufe ist Clyde am Zug:

Wählt Clyde $[B]$, so kann er mit einer Auszahlung v rechnen; wählt er hingegen $[Z]$ so blüht ihm Dodels Lohn $-d$, da Bonnies Entscheidung

$$
\begin{array}{ll}
(-d, v) & [B] \\
Clyde & \longrightarrow \quad (-d, v) \\
[Z] \not\downarrow & \\
(1, 1) & [B] \\
Bonnie & \not\longrightarrow \quad (1, 1) \\
[Z] \downarrow & \\
(v, -d) &
\end{array}
$$

Bild 5.10 Clyde ist am Zug

auf der letzten Stufe durch $[Z]$ festgelegt ist. Somit wird Clyde $[B]$ wählen, und wir streichen den verbleibenden Ast des Spielbaumes.

Wir sind nunmehr am Anfang angelangt und können Bonnie die Auszahlung 0 zusichern, falls sie sich für $[B]$ entscheidet; sollte sie hingegen $[Z]$ vorziehen, erreicht sie nur den Wert $-d$. Somit ergibt sich für $k = 3$ folgende Entscheidung

$$
\begin{array}{ll}
(0, 0) & [B] \\
Bonnie & \longrightarrow \quad (0, 0) \\
[Z] \not\downarrow & \\
(-d, v) & [B] \\
Clyde & \longrightarrow \quad (-d, v) \\
[Z] \not\downarrow & \\
(1, 1) & [B] \\
Bonnie & \not\longrightarrow \quad (1, 1) \\
[Z] \downarrow & \\
(v, -d) &
\end{array}
$$

Bild 5.11 Bonnies Entscheidung

Bonnie bleibt in $(0, 0)$. Diese Entscheidung wird sich auch nicht ändern, falls die Anzahl der Züge (d.h. k) erhöht wird. Hat Clyde als erster Spieler Zugrecht, votiert er ebenfalls für ein Verbleiben in $(0, 0)$.

Falls wir für einen gegebenen Spielausgang und für beide Spieler stets eine natürliche Zahl l erhalten, so daß für alle $k \geq l$ die Spielbaumanalyse ein Verbleiben im Spielausgang empfiehlt, so wollen wir von einem *weitsichtigen* Gleichgewichtspunkt sprechen.

Um festzustellen ob etwa $(0, 0)$ der einzige weitsichtige Gleichgewichtspunkt für das Gefangenendilemma ist (was wir uns aus naheliegenden Gründen nicht wünschen), müssen wir die Spielbaumanalyse nunmehr für die restlichen Spielausgänge durchführen.

$$
\begin{array}{lll}
(1, 1) & [B] & \\
\textit{Bonnie} & \longrightarrow & (1, 1) \\
{[Z]}\ \nearrow & & \\
(v, -d) & [B] & \\
\textit{Clyde} & \nrightarrow & (v, -d) \\
{[Z]}\ \downarrow & & \\
(0, 0) & [B] & \\
\textit{Bonnie} & \longrightarrow & (0, 0) \\
{[Z]}\ \nearrow & & \\
(-d, v) & \ldots & \\
\ \vdots & &
\end{array}
$$

Bild 5.12   Bonnie bleibt im Zustand $(1, 1)$

Nach dem zweiten Zug wird ein Spielbaum erreicht, der bereits analysiert wurde. Wegen der Symmetrie der Bimatrix ergeben sich im Spielausgang $(1, 1)$, (sprich:*(Nicht gestehen, Nicht gestehen)*) für beide Spieler identische Entscheidungsabläufe.

$(1, 1)$ ist ebenfalls ein weitsichtiger Gleichgewichtspunkt. Da er den weitsichtigen Spielausgang $(0, 0)$ wertmäßig dominiert, kann er somit als einzige (weitsichtige) Lösung des Gefangenendilemmas ins Auge gefaßt werden.

Wie lassen sich letztlich die beiden restlichen Spielausgänge bewerten? Bonnie würde in $(v, -d)$ verbleiben; Clyde jedoch lieber aus $(v, -d)$ wegziehen. Für den Ausgangszustand $(-d, v)$ ist Clyde derjenige, der nicht wegziehen will. Somit sind beide Spielausgänge keine weitsichtigen Gleichgewichtspunkte.

5.4 Das Verhängnis im Internet

> Picture a pasture open to all. It is to be expected that each herdsmen will try to keep as many cattle as possible on the commons... Therein is the tragedy. Each man is locked into a system that compels him to increase his herd without limit — in a world that is limited.
>
> **Garrett Hardin.** The Tragedy of the Commons

Die sauren Wiesen des Mittelalters sind mitsamt ihren Herden und ihren Tragödien den binären Weiten des Internet gewichen. Eigensüchtige Akademiker treiben — wie weiland ihre bäurischen Vorfahren — elektronische Nutztiere auf die gemeinschaftliche Weide, um sie dem ewiggleichen Verhängnis auszusetzen.

Kasten 5.5: Black Adder Online

The sound of ping beats 'cross the space,
Good folk, lock up your Unix–server,
Beware the deadly interface,
Unless you want to loose your fervor.
Black Adder, Black Adder,
He never needs a guide.
Black Adder, Black Adder,
No Intel chip inside.
He's crawling on the Internet
At speeds of hundred bytes a second.
A virus is his favorite pet
Infecting any site that fecond.
Black Adder, Black Adder,
Doom of the WorldWideWeb.
Black Adder, Black Adder,
You academic pleb.

© Alexander Mehlmann

Der größte Gleichmacher im Internet ist der alltägliche Stau auf der Datenautobahn. Selbst die beträchtlichen Bandbreitengewinne, die man dem technischen Fortschritt verdanken mag, können mit der *stampede* der alles niedertrampelnden Datenherden kaum Schritt halten. Im Grunde ist dies Hardins altbekannte Tragödie der Allmende — eine Spielart des Gefangenendilemmas für recht viele Mitspieler.

Die Spieltheorie hat[5] bereits einen Ausweg aus diesem Drama aufgezeigt. Da das Verhängnis im Internet vor allem darin begründet liegt, daß kein Spieler die Neigung verspürt, sich im Rahmen seines Internetzugriffs eine Selbstbeschränkung aufzuerlegen, scheint der einzig gangbare Weg zu sein, so etwas ähnliches wie Kostenwahrheit einzuführen.

Wie bewertet eigentlich ein x-beliebiger Nutzer das erfolgreiche Versenden seines Datenpaketes? Wenn er zur Stoßzeit nur mal eben die neuesten Fotos der Spice Girls herunterladen möchte, wäre ein Mißlingen seines Vorhabens durchaus zu verkraften; handelt es sich hingegen um ein dringendes Warentermingeschäft, das wegen Überlastung des Datennetzes nicht zustande kommt, so wird er sicherlich den entgangenen Gewinn beklagen.

MacKie-Mason und Varian [68] zeigen, wie das Verhängnis im Internet prinzipiell zu entschärfen ist. Sie schlagen vor, Nutzer zur Stoßzeit in ein Spiel zu verwickeln, das einer speziellen Versteigerung[6] gleichkommt. Dabei besteht die Strategie eines Nutzers darin, jedem seiner elektronischen Nutztiere, das er auf die Internet–Weide schickt, ein Anbot mit auf dem Weg zu geben: der Preis, den er für bevorzugte Behandlung im Staufalle zahlen würde.

Staut nunmehr der Datenverkehr an einem Netzwerkknoten, so bildet sich eine Warteschlange, die jeweils nach der Höhe der Anbote abgebaut wird. Dabei werden nur die ersten k Bieter durchgelassen, und müssen als Preis für die zuvorkommende Bedienung jeweils das Anbot des ersten abgewiesenen[7] Datenpaketes entrichten. Diese Versteigerungsregel mag

---

[5] in volkswirtschaftlicher Gewandung

[6] die nach einem der Nobelpreisträger für Ökonomie des Jahres 1996 den Namen Vickrey–Auktion trägt.

[7] der $k + 1$te Bieter

zwar paradox scheinen, sie ist jedoch äußerst wirksam. Kommt sie zur Anwendung, so hat kein Nutzer einen Grund, ein anderes Anbot zu stellen, als dasjenige, das seiner Bewertung der erfolgreichen Übertragung des Datenpacketes entspricht.

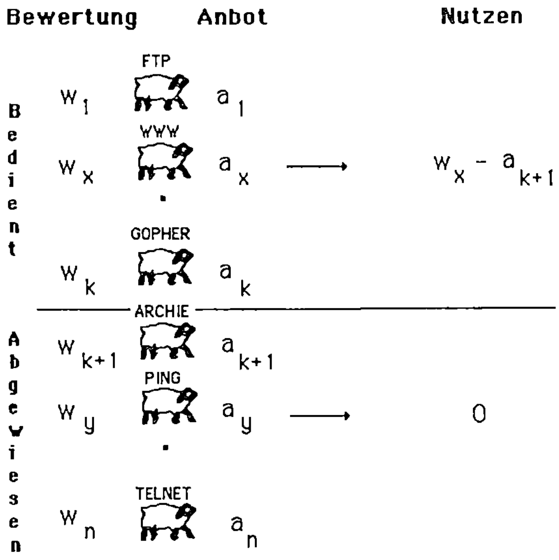

Bild 5.13   Versteigerung im Internet

Dies ist unmittelbar aus Bild 5.13 ersichtlich. Ist des Nutzers Anbot a_x größer als a_{k+1} — das Anbot des ersten abgewiesenen Internetsurfers — so beträgt sein Nutzen $w_x - a_{k+1}$. Insolange der Wert w_x das Anbot a_{k+1} nicht unterschreitet, kann er jedoch den gleichen Nutzen durch das Anbieten von $a_x = w_x$ erreichen. Ist hingegen $w_x < a_{k+1}$, so hätte jedes Anbot $a_x \leq a_{k+1}$ und somit auch $a_x = w_x$ den gleichen höheren Nutzen 0 erzielt. Wenden wir uns schließlich einem Verlierer der Internetauktion zu, dessen Anbot a_y kleiner oder gleich a_{k+1} ist. Insolange w_y das Anbot a_{k+1} nicht überschreitet, kann er den gleichen Nutzen durch das Anbieten von $a_y = w_y$ erreichen. Ist hingegen $w_y > a_{k+1}$, so hätte jedes Anbot $a_y > a_{k+1}$ und somit auch $a_y = w_y$ den gleichen höheren Nutzen $w_y - a_{k+1}$ erzielt.

Der wesentliche Mechanismus dieses Versteigerungsspiels ist somit
der Zwang zum wertmäßigen Anbot, der durch eine schwach dominante
Spielweise[8] rational erklärbar ist. Überdies muß in diesem Typ von Auktion keiner der Bieter befürchten, daß er einen zu hohen Preis zahlen
wird. Die auch unter dem Namen ,,Holländische Auktion'' bekannte
Versteigerung wurde bereits in den 60er Jahren unseres Jahrhunderts
von Vickrey klassifiziert und untersucht.

Kasten 5.6: William Vickrey

*William Vickrey wurde 1914 in Victoria, Kanada geboren. Er studierte
in Yale und danach an der Columbia University in New York, deren
Lehrkörper er ab 1946 bis zu seiner Emeritierung angehörte. Drei Tage
nach Erhalt der Verständigung über den ihm (gemeinsam mit James A.
Mirrlees) zuerkannten Nobelpreis 1996 für Ökonomie, verstarb Vickrey
auf dem Weg zu einer Konferenz.*

---

[8]das vom jeweiligen Bieter zu erstellende optimale Anbot erweist sich als Strategie,
die jedes andere eigene Anbot im Sinne der Fußnote [6] (auf Seite 28) schwach dominiert.

Kapitel 6
Paradoxien der Rückwärtsrechnung

He thought he saw a Nash Profile
Remaining unrefined:
He looked again, and found it was
Induction from Behind.
'Before more doubts arise,' he said,
'Apply it! Never mind!'
Alexander Mehlmann. The Mad Reviewer's Song

Unter den Verfeinerungen des Nash-Gleichgewichtes hat ein extensives Lösungskonzept stets einen besonderen Platz eingenommen. Seltens Teilspielperfektheit, die 1965 im Einband der *Zeitschrift für die gesamte Staatswissenschaft* [93] das Licht der Druckerschwärze erblickte, bekehrte die Spieler zu plausiblen Verhaltensweisen selbst abseits des Gleichgewichtspfades.

Für die Berechnung der teispielperfekten Strategien stand ein bereits bewährtes Instrument zur Verfügung. Schon 1913 hatte Zermelo sein Verfahren zur Analyse des Schachspiels [104] vorgeschlagen, das bei den günstigsten Endstellungen beginnend in einer Art „Rückwärtsrechnung" die (reinen) optimalen Strategien bis zur Anfangsstellung (zumindest theoretisch) zurückverfolgen sollte. Die Rückwärtsrechnung war auch in Bellmans dynamischer Programmierung die Methode der Wahl, um das Optimalitätsprinzip zu gewährleisten. Die Idee des Stackelberg-Gleichgewichtes in einem Duopol hatte nicht zuletzt die Ökonomen mit dieser Vorgangsweise vertraut gemacht.

Das folgende einfache Markteintrittsspiel wird uns, als Grundbestandteil komplexerer Wettbewerbsituationen — vor allem bei der Klärung paradoxer Auswirkungen der Rückwärtsrechnung — noch treue Dienste zu leisten haben.

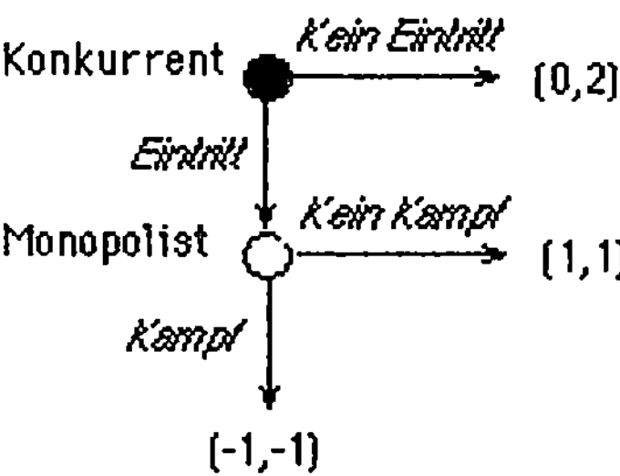

Bild 6.1 Spielbaum des Markteintrittsspiels

6.1 Das Markteintrittsspiel

Eine Firma sieht ihre bislang unangefochtene Marktposition (Monopol) durch einen Konkurrenten gefährdet, dem zwei Optionen offenstehen: sich für oder gegen das Eindringen in den Markt zu entscheiden. Auf die penetrative Aktion des Gegners kann nunmehr der Monopolist entweder durch entschiedenes Bekämpfen des Eindringlings reagieren, oder sich (wohl oder übel) mit der neuen Situation am Markt abfinden. Im letzteren Fall wird der Monopolprofit zwischen den Marktteilnehmern gerecht geteilt, während die Auseinandersetzung für beide Spieler nachteilige Effekte zeitigt.

Wie aus Bild 6.1 ersichtlich, kann das Markteintrittsspiel als extensives Spiel mit vollkommener Information und Erinnerung formuliert werden. Wegen der besonders einfachen Zugabfolge ist eine Interpretation als Stackelberg-Spiel ebenfalls naheliegend. Der potentielle Eindringling nimmt in diesem letzteren Fall die Rolle des Stackelberg-Führers an, während sich der Monopolist in der strategischen Position eines Stackelberg-Nachfolgers befindet.

Aus diesem Grunde werden die Spaltenspieler-Strategien in der Normalformdarstellung dieser extensiven Situation als Reaktionen auf vorliegende Züge des Zeilenspielers angesetzt. So bezeichnet zum Beispiel

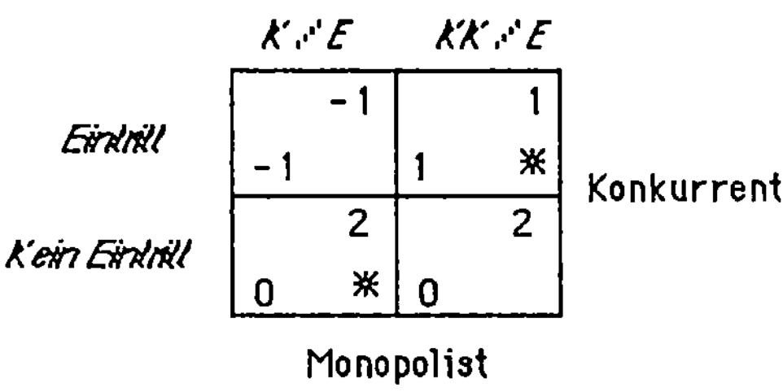

Bild 6.2 Normalform des Markteintrittsspiels

K/E folgende Spielregel: falls der Gegner in den Markt eindringt (*E*), kämpfe (*K*).

Die mit einem Stern (∗) versehenen Spielausgänge in Bild 6.2 legen die Gleichgewichte der Bimatrix fest.

Das Markteintrittsspiel besitzt, wie auch aus der Normalform ersichtlich, nur die beiden Nash-Gleichgewichte (*Kein Eintritt, Kampf*) und (*Eintritt, Kein Kampf*). Wir erinnern daran, daß in der extensiven Formulierung eine Strategie als Vorschrift verstanden wird, die einem Spieler für jede mögliche Vorgeschichte, die ihn zum Zug kommen läßt, eine eindeutige Aktion empfiehlt. Eine derartige Empfehlung hat selbstverständlicherweise auch für Vorgeschichten zu erfolgen, die bei expliziter Anwendung der Strategie gar nicht zustande kommen würden.

Das Gleichgewicht (*Kein Eintritt, Kampf*) illustriert diesen Sachverhalt besonders anschaulich. Die Strategie des Monopolisten weist ihm die Aktion *Kampf* in einem Entscheidungsknoten des Spielbaumes zu, der abseits des Gleichgewichtspfades zu liegen kommt.

(*Kein Eintritt, Kampf*) hat überdies den erheblichen Nachteil nicht glaubhaft zu sein. Es signalisiert die Entschlossenheit des Monopolisten zum Kampf bis aufs Messer, die jedoch augenblicklich verpufft, falls der Stackelberg-Führer sich dennoch für das Eindringen entscheidet.

Das Ausschalten unglaubwürdiger Gleichgewichte ist ein Kunststück, das mittels Rückwärtsrechnung durch das Befolgen von Prinzipien der Teilspielperfektheit erreicht werden kann. Führt man die Rückwärts-

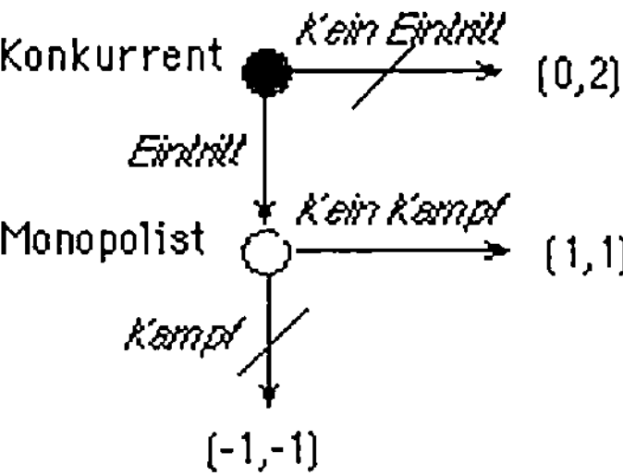

Bild 6.3   Rückwärtsrechnung im Markteintrittsspiel

rechnung, wie in Bild 6.3 vorgezeigt, für das Markteintrittsspiel durch, so überlebt nur das plausible (und gleichzeitig teilspielperfekte) Gleichgewicht (*Eintritt*, *Kein Kampf*).

Wird jedoch den Spielern, wie im Fall des bereits besprochenen Gefangenendilemmas, die Gelegenheit geben, durch Wiederholung zu lernen, so stellt sich die Frage nach der Plausibilität der teilspielperfekten Lösung auf's Neue.

6.2   Das Handelsketten-Paradoxon

Selten [95] schlug folgende interessante Erweiterung des Markteintrittsspiels vor.

Nach einer erfolgreichen Expansion, durch die er in den Besitz mehrerer Filialen gelangte, welche allesamt als lokale Monopole auf jeweils unterschiedlichen Märkten gewertet werden können, muß sich der nunmehrige Handelskettenbesitzer wiederum der altbekannten Herausforderung stellen.

Diesmal hat er es in jeder seiner Filialen mit einem anderen Konkurrenten zu tun, wobei die Auseinandersetzung mit einem Markteintrittsspiel auf dem ersten Markt beginnt, das sodann Markt für Markt gegen den

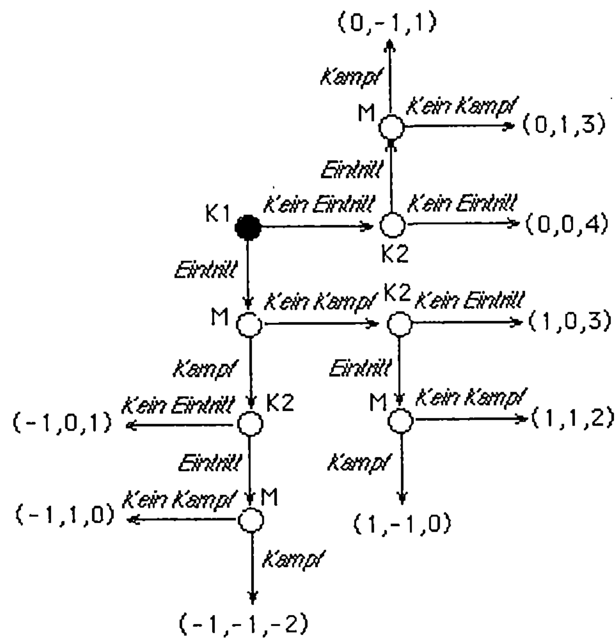

Bild 6.4   Spielbaum des Handelskettenspiels auf zwei Märkten

nächsten potentiellen Eindringling wiederholt wird.

Der Spielbaum des Handelskettenspiel verliert selbst bei einer bescheidenen Anzahl von Filialen etwas an Übersichtlichkeit. Für den Fall zweier Filialen ist er in der Folge abgebildet. An jede Endknospe des ursprünglichen Spielbaumes haben wir zu diesem Zweck ein neues extensives Markteintrittsspiel angefügt.

Eine Rückwärtsrechnung leitet für das Spiel in Bild 6.4 ein eindeutiges, teilspielperfektes Nash-Gleichgewicht ab, das dem Handelskettenbesitzer nahelegt, sich auf jedem Marktplatz mit dem Eindringen des jeweiligen Konkurrenten abzufinden.

Der in Bild 6.5 verzeichnete Gleichgewichtspfad läßt sich im gleichen

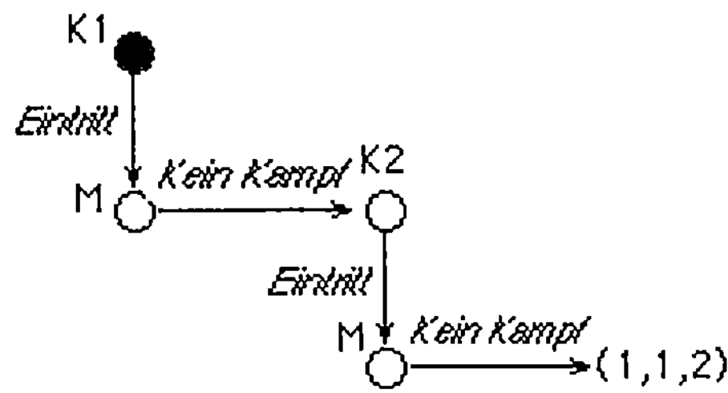

Bild 6.5   Teilspielperfekter Gleichgewichtspfad im Handelskettenspiel

Sinne für belebig (aber endlich) viele Märkte fortsetzen. Intuitiv ist dies folgendermaßen zu begründen.

Unabhängig von der jeweiligen Vorgeschichte wird am allerletzten Marktplatz ein sicheres Eindringen des entsprechenden Konkurrenten nicht bekämpft. Ein Kampf würde nämlich nur Kosten verursachen und kann, da das Spiel keine Fortsetzung findet, für keine weiteren Märkte Signalwirkung haben. Somit läßt sich faktisch der Horizont des Handelskettenspiels um eine Periode verkürzen, und die vorgebrachten Argumente gelten unverändert für den ursprünglich vorletzten Marktplatz. Durch Kettenschluß gelangt man schließlich an den Anfang der Handelskette.

Je größer jedoch die Anzahl der umkämpften Märkte wird, desto eher läßt sich ein Plausibilitätsbruch der teilspielperfekten Lösung ausmachen. Um diesen Effekt nachzuvollziehen, wollen wir uns für den Fall eines Handelskettenspiels, das sequentiell auf 66 Märkten entschieden wird, relativ weit vom (teilspielperfekten) Gleichgewichtspfad entfernen.

Ein potentielle Eindringling, der beispielsweise am 13ten Markt zum Zuge kommt, möge nun die Vorgeschichte in Bild 6.6 beobachtet haben. Wie soll sich nun der 13te Konkurrent verhalten? Eindringen, wie dies die Rückwärtsrechnung vorschreibt? Der Monopolist sollte ja an sich, das Kämpfen sein lassen. Doch auf den ersten zwölf Märkten war keine Rede davon. Er hat einen Markt nach dem anderen in Trümmer gelegt und scheint sich um seine Verluste, nicht im geringsten zu scheren.

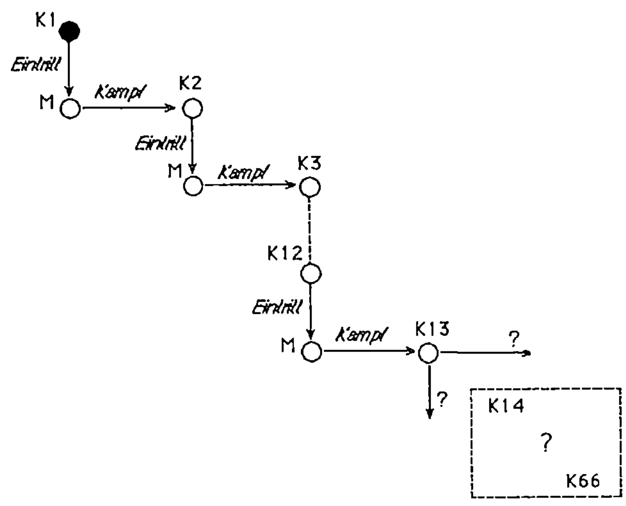

Bild 6.6   Die Vorgeschichte des 13ten Marktes

Wenn er nur seine Reputation vor Augen hat, dann ist Kampf auch am 13ten Markt die Parole, vor allem um die restlichen 53 Konkurrenten abzuschrecken. Sollte er nur irrtümlich kämpfen? Ein seltsamer Irrtum, der ihm da in schöner Regelmäßigkeit 12 mal unterläuft. Ist er am Ende wahnsinnig, oder, was noch schlimmer wäre, irrational? Kann man sich überhaupt noch auf die Rationalitätsannahmen der Rückwärtsrechnung verlassen?

6.3   Das Tausenfüßlerspiel

Wir wollen uns, weiß Gott, nicht vor dem Eingehen auf die soeben angeschnittenen Fragen drücken, doch bevor es so weit ist, soll dem Handelskettenspiel noch ein weiteres Paradoxon der Rückwärtsrechnung zur Seite gestellt werden.

Das erste Exempel dieser Art haben wir bereits im ersten Teil kennengelernt. Sind wir nun bei Rosenthals Tausendfüßler im Vergleich zum

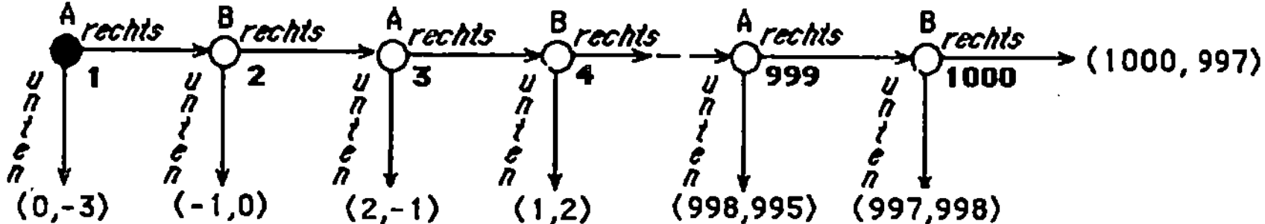

Bild 6.7 Der Tausendfüßler zum zweiten

Spiel mit der Handelskette in einer gar so anders zu wertenden Situation? Während die Signale, die von einem nicht teilspielkonformen Monopolisten ausgehen, vor allem als Mittel zur Abschreckung interpretiert werden können, vermittelt jede Vorgeschichte im Tausendfüßlerspiel, die Schritte nach rechts enthält, positive Impulse für eine intuitiv zu erwartende Zusammenarbeit.

In Experimenten zu diesem Spiel wurde vielfach festgestellt, daß Spieler durchaus bereit sind, sich — im Gegensatz zum theoretisch voraussagbaren Verhalten — dem Risiko eines geringen Verlustes auszusetzen, um andererseits den Boden für einen möglicherweise erklecklichen Zugewinn vorzubereiten. Die Frage der Rationalität taucht wiederum bei einer längeren Vorgeschichte auf, in der beide Spieler wiederholt gegen das Gebot der Rückwärtsrechnung verstoßen.

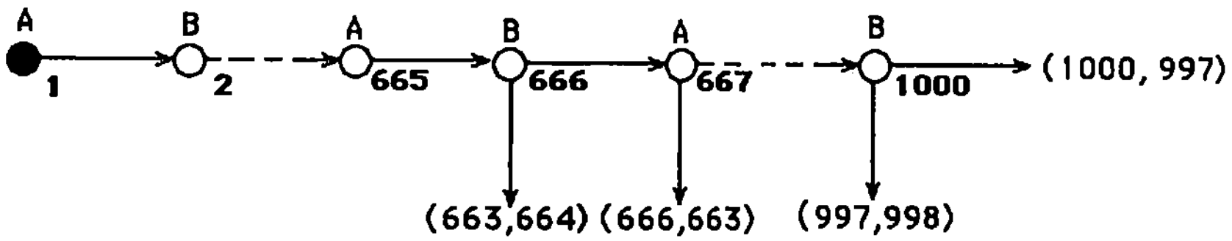

Bild 6.8 Vorgeschichte im Tausendfüßlerspiel

Im Entscheidungsknoten 666 müßte es schon mit dem Teufel zugehen, um B's Vertrauen in die Sinnhaftigkeit der teilspielperfekten Strategie wieder herzustellen. Hat nicht A mehrfach bewiesen, daß er bereit ist, den rechten Zug zu machen, um in trauter Gemeinsamkeit zu den höheren Auszahlungswerten zu gelangen? Doch wird andererseits B bereit sein, seine erwiesene Irrationalität bis in den tausendsten Knoten fortzusetzen? Dieser letzte seiner Züge kommt wie das Amen im Gebet und beschert dem Gegenspieler A nur 997 Nutzeneinheiten statt der erwarteten 1000. Aber halt, betritt da nicht wieder das Prinzip der Rückwärtsrechnung — sozusagen durch die Hintertür — das Spielfeld?

David Kreps hat in [63], [62] einen Ansatz vorgeschlagen, der den tiefen Graben zwischen den experimentell beobachtbaren Spielweisen und der theoretisch empfohlenen Lösung zu überwinden scheint.[1]

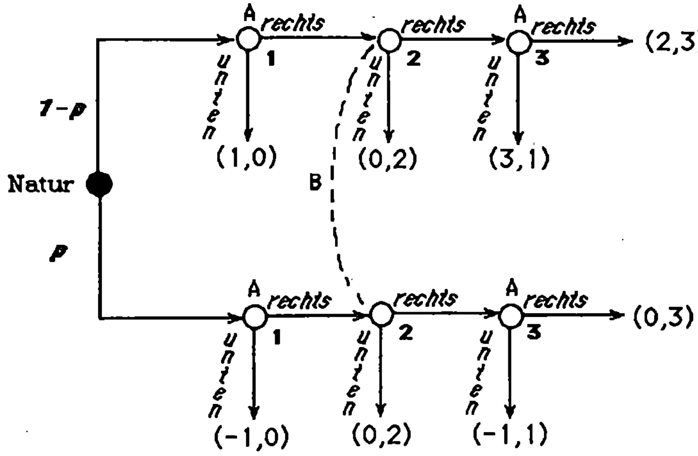

Bild 6.9   Das Dreifüßlerspiel mit Informationsdefizit

In Bild 6.9 haben wir diesen Ansatz für den Fall eines Dreifüßlerspiels durchgeführt. Spieler B vermutet, daß in A's Brust zwei Seelen wohnen. Die eine ist rational-egoistisch, die andere jedoch von Kopf bis Fuß auf Kooperation eingestellt. Beide Einstellungen lassen sich durch eine entsprechende Nutzenzuordnung simulieren. So verfügt die erste in den

---

[1]In der spieltheoretischen Literatur vermerkt man jedoch, daß die Erfolge dieses Ansatzes auf Grund der Aufgabe der vollkommenen Information allzu teuer erkauft sind.

zugehörigen Spielausgängen über die für ein Tausendfüßlerspiel so typische Nutzenwertfolge. Die zweite jedoch wird hingegen — auf Grund der ihr unterstellten Nutzwerte — stets dem Zug nach rechts nachgeben. Auf diese Weise steht die Rationalität beider Seelen nie auf dem Spiel.

Während Spieler A über einen privaten Informationsvorteil verfügt — er weiß, welche seiner zwei Seelen durch den Zufallszug der Natur aktiviert wurde — , kennt B nur die Wahrscheinlichkeit, mit der die eine oder andere Seele ausgewählt wird. Das Wissen um diese *a priori* Verteilung ist übrigens (in diesem Spiel) Bestandteil der gemeinsamen Gewißheit — eine Stufe der spieltheoretischen Erkenntnis, der wir in Abschnitt 7.2 unsere Aufmerksamkeit widmen wollen.

Auf Grund der Teilspielperfektheit ist das strategische Verhalten beider Seelen im dritten Entscheidungsknoten jeweils voraussehbar. Die egoistische Seele wird nach unten ziehen, während die kooperative den Zug nach rechts machen wird. Den Zug nach rechts wird jedoch die kooperative Seele auch im ersten Knoten vorziehen, da sie dadurch mit Sicherheit — was auch immer B im zweiten Knoten unternehmen wird — nur gewinnen kann. Das Ergebnis dieser Kombination aus Rückwärts- und Vorwärtsrechnung ist in Bild 6.10 dargestellt.

Ein Gleichgewicht in Verhaltensstrategien kann aus dem Spielbaum in Bild 6.10 unmittelbar abgeleitet werden. Ist nämlich die egoistische Seele im Knoten 1 indifferent zwischen dem Zug nach unten und dem nach rechts, so sollte die Nutzenwertgleichung $1 = 3(1 - \beta)$ gelten. Im Gleichgewicht wählt somit B mit Wahrscheinlichkeit $1/3$ den Zug nach rechts. Andererseits läßt sich auch die Indifferenz des Spielers B erfolgreich verwerten.

Seiner Mutmaßung nach, befindet er sich nämlich mit der *a posteriori* Wahrscheinlichkeit $\gamma = p/[p + (1 - p)(1 - \alpha)]$ im unteren Knoten seiner Informationsmenge. Da er den gleichen Nutzen unabhängig von seiner Zugwahl erzielen sollte, gilt die Gleichung $3\gamma + 1 - \gamma = 2$. Im Gleichgewicht wählt somit die egoistische Seele von A den Zug nach rechts mit Wahrscheinlichkeit $p/(1 - p)$.

Man beachte, daß selbst der geringste Zweifel — den Intentionen eines Gegners gegenüber — genügt, um beide Spieler zu veranlassen, mit jeweils positiver Wahrscheinlichkeit vom teilspielperfekten Gleichge-

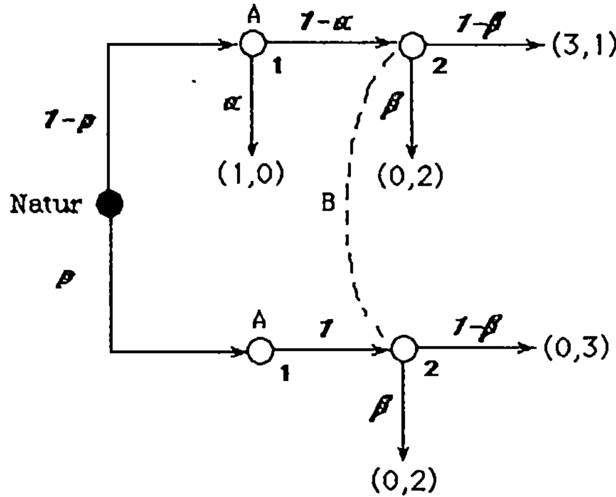

Bild 6.10   Das reduzierte Dreifüßlerspiel

wichtspfad abzuweichen. Die gleiche Wirkung läßt sich unter ähnlicher Rezeptur auch im Handelskettenspiel beobachten. Dies ist keineswegs verwunderlich, denn in beiden Fällen können Spieler, die immer wieder aufs neue vor Entscheidungen gestellt sind, sorgsam ihre Reputation aufbauen.

Paradoxien der Rückwärtsrechnung können jedoch auch in Konfliktsituationen auftreten, die (auswechselbaren) Spielern nur kurze Auftritte gönnen. In dieser Spielklasse verwischt der zukünftige Erwartungshorizont jeglichen Einfluß der vergangenen Spielentwicklung. Die in der Folge analysierte Geschichte vom Flaschenteufel erweist sich als aussagekräftige Parabel für derartige Mechanismen.

6.4 Das Flaschenteufel-Paradoxon

> Die Worte starben ihm auf der Zunge; der, welcher sie kaufte, konnte sie nie
> wieder verkaufen, die Flasche und der Flaschenteufel mußten bis zu seinem
> Tode bei ihm ausharren und ihn, wenn er gestorben war, in die röteste Hölle
> tragen.
>
> **Robert Louis Stevenson.** Der Flaschenteufel

Es war ein Mann auf der Insel Hawai, dem man eines Tages eine Flasche anbot, der recht seltsame Eigenschaften nachgesagt wurden. Der Teufel selbst habe sie in Umlauf gebracht, und sie wurde einstmals zu einem ungeheuren Preis erworben. Ihr Wert sei hingegen weitaus höher anzusetzen: im Inneren der Flasche ist der leibhaftige Teufel,[2] der dem gegenwärtigen Besitzer jeglichen Wunsch erfüllt. Stirbt jedoch ein Mensch, ehe er sich der Flasche gegen gemünztes Geld und unter dem Einkaufspreis entledigen konnte, so fährt er direkt zur Hölle.

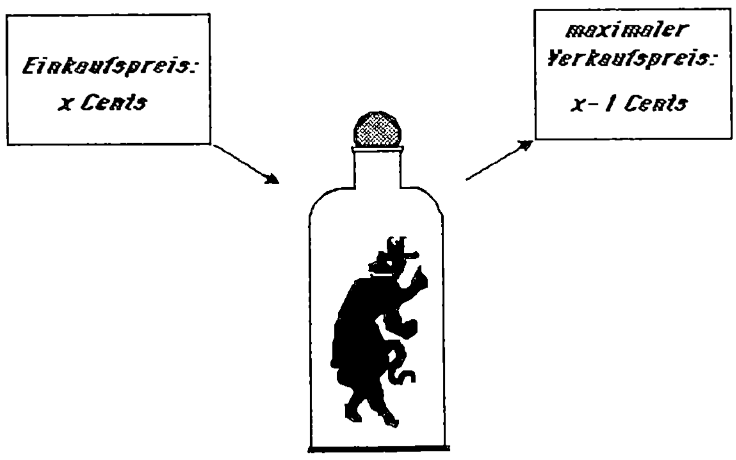

Bild 6.11   Der Preis der Verdammnis

---

[2]Der dem in Kapitel 4 abgebildeten Mephisto wie aus dem Scherenschnitt geschnitten ähnlich schaut.

Keawe — denn so hieß unser Mann — zögerte vorerst. Da jedoch der Preis der Flasche im Laufe der Jahrhunderte auf 89$ und 99 Cents herabgesunken war, und er sich durchaus noch Chancen ausrechnen konnte, bei Bedarf einen Käufer zu finden,[3] wurden Keawe und der Besitzer der Flasche schließlich handelseins.

Ein spieltheoretischer *deus ex machina* hätte Keawe nunmehr erklären können, daß seine Entscheidung dem Prinzip der Rückwärtsrechnung zuwiderlaufe. Wird die Flasche nämlich um einen Cent angeboten, so würde sich selbstverständlich kein Käufer für sie finden lassen, da keine wertmäßig geringere Scheidemünze[4] im Umlauf ist.

Wenn jedoch keiner[5] bereit ist, die Flasche um einen Cent zu kaufen, ließe sich auch kein Käufer bei einem Preis von zwei Cents auftreiben; in weiterer Folge dürfte niemand — und dies zu keinem Preis[6] — auf den Flaschenhandel eingehen.

Der wesentliche Unterschied zwischen einem Tausendfüßlerspiel und dem Flaschenteufelspiel liegt in der Vorschrift begründet, die ein teilspielperfektes Verhalten induzieren soll. Im Flaschenteufelspiel steht die

---

[3]selbst wenn er ihn pflichtgemäß über die Nachteile des Flaschenkaufs aufklären mußte.

[4]Im Stevensonschen Original erwirbt Keawe, nachdem er die Flasche erfolgreich verwertet und verkauft hatte und danach an Lepra erkrankte, sie zum zweiten Mal um den Preis von einem Cent. Das chinesische Übel verschwindet durch die Magie der Flasche; Keawe verfällt ob der höllischen Aussichten in tiefste Verzweiflung. Da erinnert sich seine Ehefrau, daß man in Tahiti für einen Cent fünf französische Centimes bekommt, womit das Flaschenverkaufsspiel seine dramatische Fortsetzung findet.

[5]Auf geniale Weise durchbricht Stevenson letztlich die Rückwärtsrechnung. Da niemand bereit war, die Flasche um vier Centimes zu erwerben, kauft sie Keeawes Ehefrau über einen Strohmann. Keawe, der diesen meisterlichen Zug verspätet durchschaut, beauftragt einen Steuermann, sie um zwei Centimes der Frau abzuluchsen und sie ihm sodann um einen Centime zukommen zu lassen. Der Strohmann verweigert jedoch entschieden die Weitergabe der Flasche, da ihn die Aussicht eines Höllenganges (irrationaler Weise?) nicht im geringsten abschreckt.

[6]Dieser schlüssigen Argumentation nach dürfte andererseits auch kein Individuum, in ein Pyramidenspiel einsteigen oder — was durchaus vorteilhafter wäre — eines lancieren. Kann man demnach die Existenz wohlbetuchter Roßtäuscher und (weitaus zahlreicherer) geschorener Opferlämmer tatsächlich als paradox bezeichnen? Im Sonderfall des Pyramidenspiels sicherlich nicht, denn die Betreiber legen es schließlich darauf an, den Mitspielern nur eine unvollkommene Sicht der Spielstruktur zu ermöglichen.

teispielperfekte Strategie *Nicht kaufen* in keinem Widerspruch zur vergangenen Spielentwicklung, da dem betreffenden Spieler keine mehrfachen Kaufentscheidungen zugemutet werden. Im Tausendfüßlerspiel hingegen muß (beispielsweise) Spieler A im 999ten Entscheidungsknoten auf ein Ausweichen nach unten eingeschworen werden, obwohl er genau weiß, daß er — bei eigenem teilspielperfekten Wohlverhalten im Wurzelknoten des Spieles — gar nicht in die Lage kommen wird, seinen Zug auszuführen.

Nun versucht die klassische Spieltheorie (paradoxerweise) gerade mit Hilfe derartiger Entscheidungen wider den Lauf der Dinge, die Paradoxien der Rückwärtsrechnung auszutreiben. Diesen verwickelten Schlußweisen wollen wir uns in Abschnitt 7.3 unter entschiedener Gegenwehr ausliefern.

6.5 Rituale des Teilens

Doch dieser Sohn, von starrem Sinn
und losem Lebenswandel,
gab Gottes Lohn und Mehrgewinn
für Marx, den roten Mohren, hin
aus Vaters Spitzenhandel.
Kurt Barthel

Das wohl berühmteste Teilungsproblem der Bibel hatte eher die Klugheit des Teilers als die Frage der Fairness zum Thema erhoben. Das salomonische Urteil kann somit als würdiger Vorläufer der Signalisierspiele gewertet werden. Der weise Ratschlag, das unteilbare Kind in zwei gleiche Teile zu zerschneiden, sollte vor allem eines bewirken: unter den zwei Müttern die falsche zu entlarven.

Zweifellos war das Signal der echten Mutter klar, verständlich[7] und voraussehbar. König Salomons leichtes Spiel mit den beiden Müttern läßt sich jedoch vor allem auf die Tatsache zurückführen, daß die falsche

---

[7]Die echte Mutter sprach: „So gebt es nur der anderen, auf daß ihm kein Leid geschehe!"

Mutter naiv, kurzsichtig und äußerst parabelkonform[8] reagierte.

Wie wäre wohl der salomonischen Weisheit letzter Schluß ausgefallen, falls beide Mütter — in echter und vorgespielter Sorge um das Leben des Säuglings — zugunsten der jeweils anderen auf das Kind verzichtet hätten? Ein mehr oder weniger weiser Richter unserer Tage würde wohl beiden Frauen ein eingeschränktes Besuchsrecht einräumen und den Säugling der Obhut des Jugendamtes überantworten.

Statt mit der Zweiteilung des Säuglings zu drohen, hätte ein despotischer Monarch jedoch durchaus auch die Vierteilung der Mütter auf's Tapet bringen können. Glazer und Ma [42] entwerfen andererseits für einen spieltheoretisch beschlagenen Salomon ein einfaches extensives Spiel, das mittels einer keineswegs hochnotpeinlichen Befragung das Ziel der Entlarvung nur unter Androhung finanzieller Opfer erreicht.

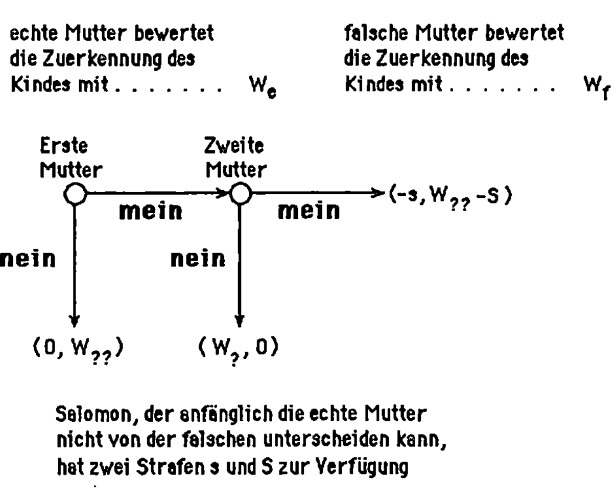

Bild 6.12   Salomons Urteil nach einer extensiven Befragung

In Bild 6.12 stellt Salomon vorerst der erste Frau die Frage, ob es ihr Säugling sei. Lautet die Antwort: „**nein**", so wird das Kind der zweiten

---

[8]Die falsche Mutter sprach: „Nur zu! Teilet das Kind. So soll es keine von uns bekommen."

Frau zugesprochen. Deren (aus Salomons Sicht unbekannter) Nutzen $W_{??}$ beträgt W_e Einheiten, falls sie die echte Mutter ist, und W_f Einheiten andernfalls. Die erste Frau erzielt in diesem Fall nur einen Nutzen von 0. Lautet die Antwort hingegen: „**mein**", so wird die gleiche Frage nunmehr an die zweite Frau gerichtet.

Bei „**nein**" erhält die erste Frau das Kind zugesprochen, wobei ihr Nutzen $W_?$ wiederum entweder W_e oder W_f beträgt. Die zweite Frau geht selbstverständlich leer aus.

Konsequenzen zeitigt hingegen die zweite „**mein**"Antwort. Die erste Frau bekommt an Kindes statt eine Strafe s zugesprochen, die jedoch kleiner als der Nutzenwert einer siegreichen falschen Mutter ist. Ebenfalls bestraft wird die zweite, jedoch siegreiche, Frau. Ihre Strafe S liegt betragsmäßig zwischen den Nutzenwerten W_f und W_e.

Diese in Unkenntnis der Wahrheit angekündigten Strafen üben die zwanghafte Wirkung eines Wahrheitsserums aus. Falls nämlich die erste Mutter die Hochstaplerin ist, so weiß sie, daß die echte Mutter im zweiten Entscheidungsknoten „**mein**" antworten wird (da $W_{??}(= W_e) - S > 0$ ist). Somit muß sie im ersten Knoten die Wahrheit: „**nein**" eingestehen, da ihr ansonsten ein Verlust von s Nutzeneinheiten droht.

Bei einer umgekehrten Rollenverteilung würde die zweite Mutter die Antwort „**mein**" jedenfalls vermeiden (da $W_{??}(= W_f) - S < 0$ ist). In Erwartung dieses Geschehens kann die erste Mutter ebenfalls bei der Wahrheit bleiben und sich damit den maximalen Gewinn $W_? = W_e > 0$ sichern.

Die durchaus erklärbare Eignung der Mechanismen der Rückwärtsrechnung, zur Wahrheitsfindung in derart verzwickten Entlarvungssituationen beizutragen, darf uns jedoch nicht über die Tatsache hinwegtäuschen, daß man ihren Paradoxien auch im Ambiente der Teilungsprobleme ausgeliefert ist.

Ein klassisches Beispiel hierfür hat — unter dem in der Literatur [44] propagierten kämpferischen Namen „Ultimatumspiel" — die Aufmerksamkeit der Spieltheoretiker auf sich gezogen. Zwei Spieler versuchen Einvernehmen über die Aufteilung eines Kuchens[9] zu erzielen. Der erste

---

[9]Im einfachsten Fall eines Verfahrens, mit dessen Hilfe zwei Personen einen Kuchen fair unter sich aufteilen, darf der erste Spieler den Kuchen portionieren, während der

Spieler offeriert dem zweiten den Kuchenanteil x. Wird dieser Anteil vom zweiten akzeptiert, so wird der Kuchen demgemäß aufgeteilt; ansonsten gehen beide Spieler leer aus.

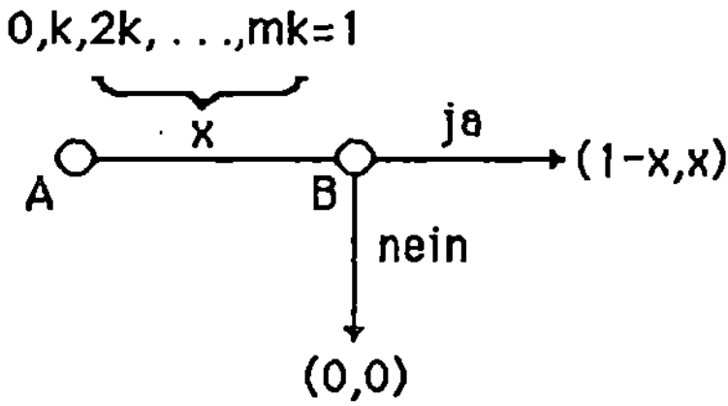

Bild 6.13   Das Ultimatumspiel

Nimmt man nunmehr an, daß der Kuchen nur in m (endlich viele) Krümel aufgeteilt werden kann, und es somit einen kleinsten Krümel k gibt, so daß die möglichen Offerten des ersten Spielers als $x = i * k$ für $i = 0, 1, \ldots, m$ dargestellt werden können, so liefert das Verfahren der Rückwärtsrechnung zwei teilspielperfekte Gleichgewichte für das extensive Spiel in Bild 6.13.

Für jede Offerte ab einem Krümel läuft die beste Antwort des zweiten Spielers stets auf die Annahme des Angebots hinaus. Wird hingegen

zweite die ihm zustehende Portion frei auswählen kann. Übersteigt die Anzahl der hungrigen Mäuler die Zweierzahl merklich, so werden die Aufteilungsverfahren wesentlich komplizierter. Siehe Hugo Steinhaus' [98] Vorschläge für ein Schleckermaultrio sowie (für den allgemeinsten Fall) als letzte süßeste Offenbarung die Rezepturen eines Steven Brams und seines schneidefreudigen Konditorgehilfen Alan Taylor [18], [19] und [20]. Vor Befolgung dieser Anweisungen sei jedoch bei Geburtstagsfeiern in allzu großem Kreise eingehend gewarnt. Im ersten Schritt müßte der Kuchen, um n Schleckermäuler zufriedenzustellen, in sage und teile $2^{(n-2)} + 1$ Stücke aufgeteilt werden. Da auch die Anzahl der zusätzlich benötigten Verfahrensschritte zur endgültigen Zuordnung der Kuchenkrümel ungehörig groß ist, kann die daraus entstehende Wartezeit bei der Kuchenausgabe wohl nur zu mittleren Volksaufständen führen.

nichts offeriert, so ist der Spieler indifferent zwischen Annahme und Ablehnung. Im ersten teilspielperfekten Gleichgewicht wird nun dem zweiten Spieler gar nichts angeboten; eine Offerte, die nicht abgelehnt[10] wird (und als beste Antwort des ersten Spielers auf die erwartete Annahme erfolgt). Im zweiten Gleichgewicht hingegen rechnet der erste Spieler mit der Ablehnung der Nullofferte (was einen Verlust von einem ganzen Kuchen bedeuten würde) und verzichtet selbstlos auf einen Krümel k. Der zweite Spieler nimmt dieses großzügige Angebot an (in der stillen Hoffnung, daß der erste an seinen $(m - 1) * k$ Krümeln ersticken möge).

Ergebnisse experimenteller Studien zum Ultimatumspiel stehen durchgehend im schroffen Gegensatz zu den Resultaten der Rückwärtsrechnung. In [88] läßt sich sogar die regionsspezifische Bereitschaft feststellen, dem zweiten Spieler unterschiedlich mehr zukommen zu lassen, als es die Theorie empfiehlt. Die Interpretation dieser Ergebnisse deutet eher in die Richtung evolutionärer Verhaltensnormen, die Ausdruck heterogener sozialer und kultureller Prägungen sind. Es bleibt zu befürchten, daß die Zentrifugalkräfte der Globalisierung diese divergierende Verhaltensregeln zugunsten einer myopischen Rationalität einebnen werden.

---

[10]dies erfolgt durchaus nicht überraschend, da es in den Nutzenvorstellungen des zweiten Spielers keinerlei Raum für Vergeltung gibt.

Kapitel 7
Strategische Akzente der spieltheoretischen Scholastik

He thought he saw a Strategy
Undominated, strict:
He looked again, and found it was
Quite Easy to Depict.
'I'll never play a game,' he said,
'So simple to predict!'

Alexander Mehlmann. The Mad Reviewer's Song

Wie sehr die strategischen Akzente der Spieltheorie zu einer gemischten Glaubensfrage werden, soll in diesem Abschnitt anhand unterschiedlicher Quellen der spieltheoretischen Scholastik gezeigt werden.

7.1   Den Gegner durchschauen

Blackadder : It's the same plan that we used last time, and the seventeen times before that.

Melchett : E-E-Exactly! And that is what so brilliant about it! We will catch the watchful Hun totally off guard! Doing precisely what we have done eighteen times before is exactly the last thing they'll expect us to do this time!

Richard Curtis & Ben Elton. Black Adder goes forth: Captain Cook

Die Fähigkeit zur Vorausschau oder Antizipation wird den Spielern bereits in Conan Doyles *The final problem* [25] in aller Mehrdeutigkeit vorgeschrieben. Sherlock Holmes und Professor Moriarty stehen einander in einer Art Vorspiel gegenüber und besprechen freimütig ihre gemeinsame Gewißheit.

Es ist an Moriarty, dem Mathematiker, die erste Mutmaßung voranzustellen. „Alles, was ich Ihnen zu sagen habe, ist Ihnen schon in den Sinn
gekommen." Trocken erwidert daraufhin der Detektiv: „Dann ist Ihnen
meine Antwort vielleicht auch schon in den Sinn gekommen."

Hier steht Intellekt gegen Intellekt. Ja, selbst die nachfolgende Verfolgungsjagd gen Dover verkommt bei aller dynamischen Dramatik zu
einem meisterlichen Duell der Antizipation. Holmes, dessen Leben auf
dem Spiel steht, flieht im Schnellzug nach Dover, um das rettende Festland zu erreichen. Moriarty hatte ihn im Gewühl der Victoria Station
erkannt. Holmes ist sich dessen sicher, daß sein Kontrahent ihn auch
durchschaut hat und ihm mit einem schnelleren Dampfroß nach Dover
folgen wird.

Um diesem Zug Moriartys auszuweichen, steigt Holmes bereits auf der
einzigen Zwischenstation Canterbury aus. An dieser Stelle steigt auch,
enttäuschenderweise, Conan Doyle aus dem Karusell der Antizipation
aus, um seine Geschichte zu Ende zu bringen. Einer der Väter der Spieltheorie, Oskar Morgenstern, hat zur Ehrenrettung Moriartys und Holmes
das Wechselspiel der Voraussicht, wie folgt, wieder auf Touren gebracht.

Hat Holmes sich für das Aussteigen in Canterbury entschieden, so
sollte Moriarty „wieder tun, was ich tun würde" und ebendort anhalten.
Dies wiederum voraussehend, sollte Holmes nach Dover durchfahren,
was Moriarty veranlassen sollte, nicht in Canterbury auszusteigen, und
Holmes auf den Gedanken bringen sollte, den Zug doch an der Zwischenstation zu verlassen, etcetera, etcetera, etcetera.

Und so gelangte Morgenstern zum naiven Schluß, daß aus diesem
ewigen Kreislauf wechselseitiger Antizipationen kein Weg hinausführen
konnte. Wir wissen es mittlererweise besser[1] und haben dieses Wissen schlußendlich Borel [16] und Neumann und Morgenstern [81] zu
verdanken. Um den gordischen Knoten der Entscheidungsfindung unter vollkommener Antizipation zu durchtrennen, bedarf es des stumpfen
Schwertes Zufall.

So läßt sich letztlich auch die Angst des Torwarts beim Elfmeter[2] als
grundsätzliche Angst vor der falschen Entscheidung im Antizipations-

---

[1]siehe Abschnitt 1.1
[2]in Ekeland [32] nach Handke zitiert

zyklus beschreiben. Der Stuttgarter VfB-Tormann Wohlfahrt sollte sich wohl ins (von ihm aus gesehene) linke Toreck werfen, um Polsters (FC Köln) Elfmeter abzuwehren, falls der Stürmer eher nach rechts tendiert.

Unter der Annahme, daß Fußballspieler rational denkende Wesen und überdies zur Vorausschau neigen, könnte jedoch Polster sich für das andere Kreuzeck entscheiden oder den Ball mitten aufs Tor donnern. Eine tiefschürfende Analyse weiterer Antizipationsschlüsse kann man folglich den hierfür weitaus besser ausgebildeten Sportkommentatoren überlassen.

Während das Bestreben den Gegner zu durchschauen, durchwegs als wichtiger Baustein einer Strategie begriffen werden kann, führt die Hereinnahme des Zufalls zu eher widersprüchlichen Interpretationen strategischer Denkweisen.

Von Aumann [3] stammt eine recht einleuchtende Erklärung für die Sinnhaftigkeit gemischter Strategien der Normalform. Die einem Spieler zugeordnete gemischte Strategie wird danach nicht nur als zufällige Auswahl seiner reinen Aktionen angesehen, sondern vor allem als eine von allen anderen geteilte Vorstellung (*belief*) seiner Verhaltensweisen. In einem gemischten Nash-Gleichgewicht ist somit jede (mit strikt positiver Wahrscheinlichkeit gewählte) Aktion eines Spielers beste Antwort auf seine eigenen Vorstellungen gegnerischen Verhaltens.

Diesem Bild entsprechend werden Spiele vor allem im eigenen Kopf entschieden. Ein im mehrfachen Sinne außergewöhnliches Beispiel für diese idiosynkratische Form der spieltheoretischen Deduktion kann man in Gregor von Rezzoris[3] Magrebinischen Geschichten [86] entdecken.

Als der Wunderrabi von Sadagura eines Tages überraschend in die Stadt gerufen wird, sieht er sich folgender Konfliktsituation gegenüber. Die kärgliche Portion Fleisch, die er gerade für den Mittagstisch vor-

---

[3]Wie sehr dieser, leider maßlos unterschätzte, Chronist die Wahrheit erlog, kann der Autor dieser Zeilen am besten beurteilen. Als der maghrebinische Räuber Terente (der nicht nur in den maghrebinischen Geschichten sondern auch in der realen Welt sein unehrliches Handwerk ausübte) anfang der Zwanziger Jahre in eine Polizeifalle tappte, wurde mein Großvater, ehemals k.u.k Stadtarzt, mit dessen Wundversorgung betraut. Tränenüberstromt bat ihn der Robin Hood Maghrebiniens um fürsorglich ärztliche Hilfe und begründete seine Bitte mit dem Hinweis, er sei ein ehemaliger Klassenkamerad meines Vaters. *Non scholae, sed vitae discimus.*

bereiten wollte, würde wohl in seiner Abwesenheit das Interesse seines Hündchens Bello wachrufen.

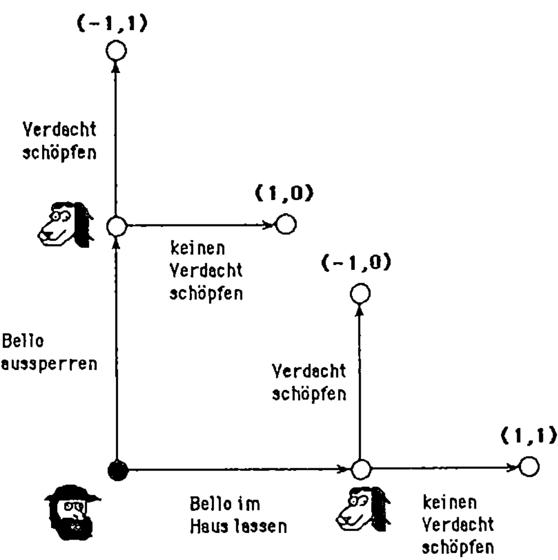

Bild 7.1   Den Gegner durchschauen — maghrebinische Variante

Die einzigen Optionen, die ihm somit zur Verfügung stehen, sind: Bello aussperren oder im Haus belassen. Wählt er die erste, so wird (seiner Ansicht nach) Bello sofort vermuten, daß es einen Grund für diese Wahl gibt. Folglich wird er danach trachten, ins Haus zu gelangen, in weiterer Folge das Fleisch erschnuppern und es letztlich fressen. Entscheidet er sich hingegen für die zweite, so hätte Bello eigentlich keinen Grund, Verdacht zu schöpfen und wird somit weder das Fleisch erschnuppern, noch es letztlich fressen.

In Bild 7.1 haben wir das Spiel so angeschrieben, wie es aus der Sicht des weisen Mannes ablaufen sollte. Die Lösung wäre somit, Bello im Haus zu belassen, was dem Vernehmen nach auch geschehen. Als jedoch der Rabbi zurückkam, „hatte Bello das Fleisch gefressen. Da wandte der Rabbi sich zu seinem Hunde, klopfte ihm mit dem Finger gegen die Stirn und sagte in vorwurfsvoller Milde: Bello–Drehkopp[4]!".

---

[4]Ein im nachhinein vorgebrachter Zweifel an Bellos Rationalität?

7.2   Die gemeinsame Gewißheit

He thought he saw a Dirty Face
In common knowledge rage:
He looked again, and found it was
A Game Without a Sage.
'Just read this book,' he faintly said,
While blushing at each page!'
Alexander Mehlmann. The Mad Reviewer's Song

Der Rabbi von Sadagura war sich vor Spielbeginn (allzu) gewiß, daß
Bello ein rationaler Spieler im extensiven Spiel des Bildes 7.1 ist. Diese
Gewißheit war jedoch ziemlich einseitig. Um Gleichgewichte in Nor-
malform- oder in extensiven Spielen auszuspielen, bedarf es wohl einer
höherwertigen Gewißheit.

In ihrer unermüdlichen Suche nach dem Gral der interaktiven Erkennt-
nistheorie haben Aumann und Brandenburger [5] für den Fall eines Zwei-
personenspiels in Normalform folgende hinreichende Bedingungen für
das Zustandekommen eines Gleichgewichtes isoliert: jeder Spieler muß
sich der Nutzenwerte, der Vorstellungen und der Rationalität seines Gegenspielers gewiß sein. Diese Erkenntnisstufe wird auch als *gegenseitige
Gewißheit* bezeichnet.

Sobald jedoch die Anzahl der in einem Spiel verwickelten Personen die
Zahl Zwei übersteigt, wird auch die gegenseitige Gewißheit nichts aus-
richten können. Um einem Gleichgewicht nahezukommen, wird ein Spieler nicht nur gewisser Kennzeichen seiner Gegner gewiß sein müssen;
diese wiederum sollten dessen gewiß sein, worüber er Gewißheit erlangt;
er wiederum sollte auch dieser Gewißheit seiner Gegner gewiß sein; und
so weiter *ad infinitum*.

Noch ehe der Begriff der *gemeinsamen Gewißheit* die Vorstellungs-
kraft der Entscheidungs- und Spieltheoretiker fesselte, brachte er die
Welt in Gestalt logisch-mathematischer Rätsel zum Grübeln. Das älteste Beispiel dieser Art wurde uns in Littlewoods vermischter Sammlung
[67] überliefert. Es handelt von drei (viktorianischen?) Damen, die in
einem Eisenbahnabteil sitzen und ob der rußbefleckten Gesichter der jeweils anderen beiden in ein hysterisches Gelächter ausbrechen. Plötzlich

126

bleibt einer der Damen das Lachen im Halse stecken, und sie errötet vor
Scham. Warum dieses seltsame Benehmen eine unmittelbare Folge der
gemeinsamen Gewißheit ist, werden wir später erklären.

Vorerst wollen wir eine modernere Variante dieser Geschichte interpretieren.

Kasten 7.1: Der kakanische Maulwurf

*Die Fünfte Kolonne des kakanischen Geheimdienstes, der gegenüber
man selbst das Deuxième Bureau nur als zweitklassig bezeichnen konnte,
hatte in ihrer erfolgreichsten Zeit mehr Maulwürfe als das MI-5.*

*Um diesen unhaltbaren Zustand zu beenden, wurde ein Fachmann für
Kontraspionage in die Kolonne eingeschleust. Bereits nach einer Woche
rief er alle Mitarbeiter zusammen und gab folgendes bekannt:*

*„Meine Herren! Zumindest ein Maulwurf ist enttarnt. Er selbst ahnt
es zwar noch nicht, doch seine Kollegen wissen Bescheid. Sobald der
Betreffende die Gewißheit erlangt hat, entlarvt worden zu sein, bleibt ihm
eine Stunde, um die Konsequenzen zu ziehen. Begeben Sie sich allesamt
in Ihre separaten Arbeitsräume und verlassen Sie diese erst, wenn Sie
den Knall einer Dienstwaffe vernehmen.‘‘*

*13 Stunden später durchpeitschten Schüsse die Amtsräume der Fünf-
ten Kolonne. Was war geschehen?*

Um das kakanische Rätsel zu lösen, muß man vorerst den Informati-
onsstand der Kolonnenmitarbeiter gewichten. Bevor der Fachmann seine
Ansprache hielt, wurde offensichtlich jeder Mitarbeiter informiert, welche Kollegen entlarvte Maulwürfe sind. Diese Information war jedoch
vorerst nur eine einseitige Gewißheit. Erst mit der Ansprache kam der
Erkenntnisprozeß auf Touren. Die Infomation, daß es zumindest einen
enttarnten Maulwurf gibt, wurde zur gemeinsamen Gewißheit.

Nun war die Anzahl der entlarvten Maulwürfe sicherlich größer als
eins. Denn ansonsten, würde der einzige Mitarbeiter, der keine Information über einen oder mehrere entlarvte Kollegen erhalten hätte, sofort

Bescheid wissen, daß er enttarnt worden ist, und sich am Ende der ersten Stunde die Kugel geben.

Wären es nur zwei enttarnte Maulwürfe gewesen, so hätte im Prinzip jedermann zumindest einen Namen eines entlarvten Kollegen mitgeteilt bekommen (und nur die beiden, deren Tarnung aufgeflogen war, genau einen Namen). Da jedoch die Anzahl der Entlarvten nicht zur gemeinsamen Gewißheit gehörte, wäre die erste Stunde lautlos verstrichen. Am Anfang der zweiten, hätte jeder der beiden, denen genau ein Name mitgelteilt wurde, Gewißheit über die eigene Enttarnung erlangt. Am Ende dieser Stunde hätte man deshalb zwei Schüsse vernommen.

Wenn wir nunmehr annehmen, daß sich $k-1$ enttarnte Maulwürfe gegen Ende der $k - 1$ten Stunde erschießen, dann würden diejenigen k Kollonenmitarbeiter, denen nur $k-1$ Namen enttarnter Kollegen mitgeteilt wurden, nach der geräuschlos vergangenen $k-1$ten Stunde draufkommen, daß sie ebenfalls entlarvt worden sind. Im Laufe der nächsten Stunde würden sie die Dienstwaffe laden, ihren letzten Willen zu Papier bringen und danach[5] ihrem Schöpfer gegenübertreten.

Das Rätsel des kakanischen Maulwurfs ist somit (durch vollständige Induktion) gelöst. Es hat genau 13 enttarnte Maulwürfe[6] gegeben.

Die Funktion des öffentlichen Erreignisses, das alle Personen erst in die Lage versetzt, zur gemeinsamen Gewißheit zu gelangen, wird in Littlewoods Rätsel durch das hysterische Gelächter ersetzt. Damit ist allen drei reisefreudigen Damen klar, daß jede von ihnen weiß, daß zumindest eine ein verrußtes Gesicht besitzt, und daß alle wissen, daß sie es wissen, und so weiter.

Ohne eine logische Reihenfolge des Errötens, die wir anhand der Weltzustände in Bild 7.2 erläutern wollen, läßt sich jedoch Littlewoods Auflösung des Rätsels nicht begründen.

---

[5]in Erfüllung des strengen Ehrenkodexes dem kakanische Maulwürfe gemeinhin unterworfen sind

[6]Wer das Beispiel der kakanischen Maulwürfe als makaber einstuft, dürfte die klassischeren Varianten kaum kennen. In [75] erschießen 40 Frauen ihre ungetreuen Ehemänner, nachdem sie die gemeinsame Gewißheit erlangt hatten, daß es in ihrem matriarchalischen Königreich zumindest einen ungetreuen Ehemann gibt. In [41] werden die Seitensprünge auf dem fernen Planeten Womensa durch Kastration und öffentliche Zurschaustellung bestraft.

	a	b	c	d	e	f	g	h
Gesicht 1	Rein	Ruß	Rein	Rein	Ruß	Ruß	Rein	Ruß
Gesicht 2	Rein	Rein	Ruß	Rein	Ruß	Rein	Ruß	Ruß
Gesicht 3	Rein	Rein	Rein	Ruß	Rein	Ruß	Ruß	Ruß

Bild 7.2 Die Weltzustände in Littlewoods' Rätsel

Treffen die Zustände b, c oder d zu, so hat jeweils eine und nur eine
der Damen ein verrußtes Gesicht, die anderen beiden (und nur sie) einen
Grund zum Lachen. Somit sollte die Dame mit dem rußbefleckten Gesicht
sofort erröten, da es ihr bewußt ist, daß die anderen über sie lachen.

Liegt hingegen e, f oder g vor, so erwarten vorerst beide rußbefleckten
Damen, daß die jeweils andere sofort errötet. Ihrer ersten Vermutung
nach, könnten ja durchaus die Zustände b, c oder d vorliegen (und sie
selbst ein reines Gesicht haben). Da jedoch die andere Dame nicht errötet,
ist diese erste Vermutung falsch (und man hat selbst ein verrußtes Gesicht). Somit erröten sodann beide Damen gleichzeitig.

Im Zustand h erwarten schließlich allesamt, daß die anderen beiden
simultan erröten. Da dies nicht erfolgt, ringt sich jede zur Gewißheit
durch, daß das eigene Gesicht voller Ruß ist, und man errötet friedlich
zu dritt. Da hat wohl Littlewood die Anzahl der Errötenden bei weitem
unterschätzt.

Mit der gemeinsamen Gewißheit hat man schließlich den wesentlich-
sten Teil der Dogmenlehre beschrieben, der die Welt der Spiele ,,im
Innersten zusammenhält''. Gemeinhin bedienen sich gewisse Spiele[7] eines Weisen, um die Spieler in den Stand der gemeinsamen Gewißheit
zu versetzen. Die wahren Weisen im Spiel der Spieltheorie sind jedoch diejenigen, welche die Beschwörungsformeln der gemeinsamen
Gewißheit ohne logischen Schluckauf aufsagen können. Überträgt man
diese Axiome in die Umgangssprache, vermeint man jedoch, die Litanei
eines Scharlatans zu vernehmen.

---

[7]die sogenannten *games with a sage*

Kasten 7.2: Dogmen der gemeinsamen Gewißheit

1. *Wenn man alles weiß, gibt es nichts, was man nicht weiß.*

2. *Nur das, was geschehen ist, kann man wissen.*

3. *Bevor man etwas wissen kann, muß man wissen, daß man es weiß.*

4. *Wenn man nicht weiß, daß etwas nicht geschah, dann weiß man zumindest dies.*

Wird der Zustand der gemeinsamen Gewißheit nicht in allen Informationsbelangen erreicht, so können durchaus schwerwiegende Folgen eintreten. Eine spieltheoretische Darstellung dieser bereits aus der Theorie verteilter Systeme — als Problem der koordinierten Atacke[8] — bekannten Zusammenhänge nimmt Rubinstein in [89] vor.

---

[8]Dieses Problem kostete bekanntlich Napoleon den Sieg bei Waterloo. Die Marschälle Ney und de Grouchy konnten ihre Atacke auf die ebenfalls getrennt agierenden Armeen Wellington und Blüchers nicht koordinieren. De Grouchy schickte vermutlich an `ney.marechal@waterloo.mil` folgende elektronische Post ab: *Exzellenz! Sie erledigen Wellington; ich schnappe mir den Preußen. Bitte bestätigen!* Daraufhin Ney an `de.grouchy.marechal@waterloo.mil`: *Lieber de Grouchy! Angriff, wie vorgeschlagen. Empfang bestätigen!* Insolange jede Botschaft das Risiko des Nichtankommens in sich trägt, muß der Absender auf eine Bestätigung warten, die er wiederum bestätigen muß. Die Angriffskoordination kann nie gemeinsame Gewißheit werden.

7.3 Wider den Lauf der Dinge

He thought he saw an Argument
That proved he was the Pope:
He looked again, and found it was
A Bar of Mottled Soap.
'A fact so dread,' he faintly said,
'Extinguishes all hope!'
Lewis Carroll. The Mad Gardener's Song

Es ist wohl kein Zufall, daß wir als Motto dieses Abschnittes eine der
unvergeßlichen Strophen des Mathematikers Charles Dodgson (alias Lewis Caroll[9]) ausgewählt haben. Der für seine verquere Logik berühmte
Autor würde — könnte er von den Toten auferstehen — den Diskurs um
die Entscheidungen wider den Lauf der Dinge sichtlich genießen.

Bedauerlicherweise haben wir im letzten Satz bereits ein ,,*counterfactual*'' — eine bedingte Entscheidung wider den Lauf der Dinge — verwendet. Die Behauptung, Caroll würde den Diskurs sichtlich genießen,
wird von einem Ereignis bedingt, von dem wir wissen, daß es nicht eintreten kann.[10]

Lassen wir nun für einen Augenblick sowohl Lewis Caroll als auch
die Auferstehung von den Toten beiseite, um uns zum letzten Male in
die Niederungen erkenntnistheoretischer Interpretationen zu begeben.
Dabei interessieren uns insbesondere die Nachwehen der Paradoxien
der Rückwärtsrechnung.

Gemäß den strategischen Regeln der Rückwärtsrechnung zu agieren,
wäre keinesfalls paradox, falls man diese Verhaltensweise als unmittelbare Folge der Rationalität ausgeben könnte. In [4] spielt Aumann die

---

[9]Die Erkenntnis, daß Lewis Caroll (unter seinem bürgerlichen Namen) ein
wesentlicher— wenn auch vollkommen unterschätzter — Vorläufer der Spieltheorie
war, verdanken wir Dimand und Dimand [29]. In Briefen an politische Zeitgenossen
und einem erfrischenden Pamphlet über das Prinzip der parlamentarischen Vertretung
erweist sich Carroll als ein stilistisch und mathematisch brillianter Kopf, dem spieltheoretische Denkmuster — 60 Jahre bevor die Disziplin entstand — vertraut scheinen.

[10]Falls dies ein esoterisches Fachbuch wäre, dann würde der gegenständliche Satz
selbstverständlich kein ,,*counterfactual*'' sein. (Hoppla, schon wieder ein ,,*counterfactual*''!)

131

diesbezüglich stärkste Karte aus: die gemeinsame Gewißheit, daß alle
Spieler rational sind.

Nun steht diese formal verkleidete, gemeinsame Gewißheit als eine Art
dunkle Macht — vergleichbar dem Schicksalsfaden der Parzen — hinter
dem Tun der Spieler. Ist sie einmal hergestellt in jenem zeitlosen, verwun-
schenen Bereich, den die Theoretiker gemeinhin als Vorspiel bezeichnen,
so belastet sie in ihrer fatalen Unveränderlichkeit die Entscheidungskraft
der Akteure. Diese weichen — so Aumann — selbst dann nicht vom ak-
tuellen Pfad der Rückwärtsrechnung ab, wenn sie (oder ihre Mitspieler)
einen in der Vergangenheit gültigen bereits verließen.

Was Ken Binmore [14] hauptsächlich an dieser Argumentation stört,
ist das Dogma der Rationalität, das selbst durch ein eindeutiges Fehlverhalten der ach so rationalen Spieler nicht zu erschüttern ist. Für ihn
liegt der Sündenfall vornehmlich in der Verwendung formaler Modelle
begründet. Damit negiert er jedoch die Virtuosität eines Dov Samet, der
sowohl die Klaviatur des Formalismus [90], [92] als auch das Rapier des
Pamphlets [91] bewundernswert beherrscht.

Mit Samets Pamphlet wird der Kreis geschlossen, und wir sind wieder
bei Lewis Carroll angelangt. Im sechsten Kapitel seiner Wunderland-
fortsetzung[11] „Through the Looking Glass and what Alice found there"
begegnen wir der Ei gewordenen Hybris — Humpty Dumpty. In labiler
Gleichgewichtslage auf einem äußerst engen Mauerrand balancierend,
ergeht sich Humpty Dumpty in Erwartungshaltungen über Geschehnisse
wider den Lauf der Dinge.

Falls er jemals herunterfallen sollte, — ein völlig unwahrscheinliches
Ereignis — aber falls er dennoch herunterfallen sollte, würden des Königs
Reiter ihn schon wieder auf seinen Platz hinaufschaffen.

Die Reiter des Königs, die Engel des Herrn, die Stimmen der Wähler
und nicht zuletzt die gemeinsame Gewißheit der Rationalität; sie alle
dürfen die Kastanien aus den Feuer holen, die niemals hätten hereinfallen
dürfen. Doch kann man sich wirklich darauf verlassen?

---

[11]An der Werksausgabe [21] führt wohl kein Weg vorbei. Sie sei besonders dem
ernsthaften Spieltheoretiker unter die Lesebrille gelegt. Wer des ständigen Umblätterns
überdrüssig geworden, kann sich zur Not der Ausgabe [22], die unter anderem auf
notebooks der Marke Apple Macintosh läuft, bedienen. Als Cicerone steht da der rätse-
lerfahrene Martin Gardner zur Verfügung.

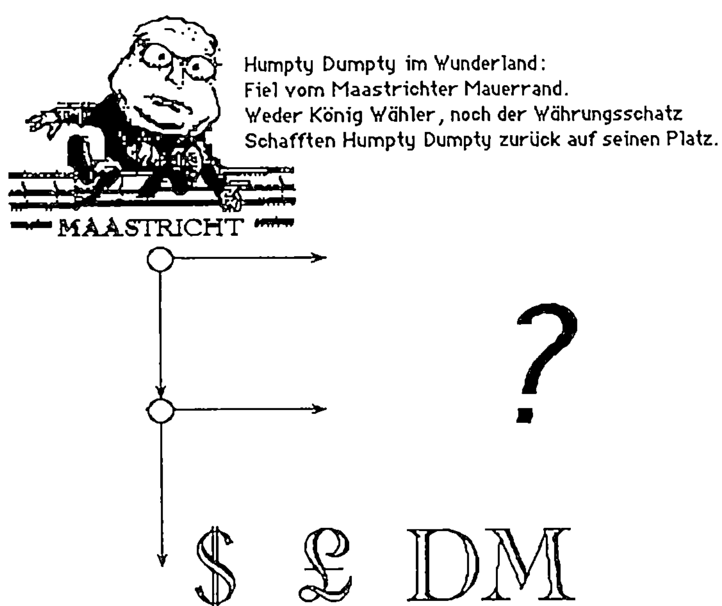

Bild 7.3   Humpty Dumpty oder ein Fall für die Spieltheorie

Fragen wie diese rütteln wahrlich an den Grundfesten unserer Zivilisation. Während in „*Finnegans Wake*"[12] Humpty Dumpty als Parabel für Luzifers Höllensturz herhalten muß, fügt Samet ihn als Mythos der Spieltheorie den großen Auferstehungsriten der Menschheit hinzu.

In unserer kurzlebigen Zeit bekümmert die Götter (der Politik) eher das Thema der Auferstehung nach Ablauf der gegenwärtigen Legislaturperiode. So entstehen moderne Mythen in diesseitiger Lesart, die sich allesamt dem Fall Humpty Dumptys[13] anpassen lassen.

All dies verblaßt jedoch gegen die Urgewalt des antiken Mythos. Im folgenden Abschnitt analysieren wir den spieltheoretischen Fall des Kriegsdienstverweigerers Odysseus.

---

[12]Wir verweisen auf James Joyces kryptisches Meisterwerk, ohne die gleichnamige Ballade über den Sturz des trinkfesten Iren Tim Finnegan geringer zu schätzen.

[13]In Bild 7.3 trägt das ko(s)mische Ei die ineinander verschmolzenen Gesichtszüge von mindestens einem halben Dutzend prominenter Maastricht-Befürworter.

Kapitel 8
Odysseus zieht in den Krieg

Agamemnon et Menelaus Atrei filii cum ad Troiam oppugnandam coniura-
tos duces ducerent in insulam Ithacam ad Ulixem Laertis filium venerunt.
cui erat responsum, si ad Troiam isset post vicesimum annum solum so-
ciis perditis egentem domum rediturum. itaque cum sciret ad se oratores
venturos insaniam simulans pileum sumpsit et equum cum bove iunxit ad
aratrum. quem Palamedes ut vidit sensit simulare atque Telemachum filium
eius cunis sublatum aratro ei[us] subiecit...

Hyginus (Mythographus). Fabula XCV

,,Die Funktion des Mythos'', schreibt Mircea Eliade [33], ,,besteht
darin, Modelle zu offenbaren und damit der Welt und dem menschlichen Dasein eine Bedeutung zu verleihen.'' In mythenfreien Zeiträumen
fühlten sich vor allem die ungleichen Musenschwestern Literatur und
Wissenschaft hierzu berufen. Dies alles enthebt uns jedoch keineswegs
der Verpflichtung, die Frage nach der Sinnhaftigkeit eines Modells zu
stellen, das archaische Konflikte eines eher unbedeutenden Vorspiels
zum Trojanischen Krieg analysiert.

Der Mythos vom Kampf der Achaier gegen Illion wurde bereits im
fünften Jahrhundert vor unserer Zeitrechnung von Thukydides [100] auf
ein erträgliches, mikroökonomisches Maß reduziert. Folgen wir beden-
kenlos den Ausführungen des kampferprobten Historikers, so verbirgt
sich hinter der epischen Auseinandersetzung nichts anderes als der optimale Einsatz überlegener Kapitalreserven bei einem gelungenen Penetra-
tionsversuch in den westanatolischen Sklaven- und Töpferwarenmarkt.

Diese goldene Eselsbrücke zwischen Volkswirtschaftslehre und klas-
sischem Bildungsideal wurde jedoch noch von keinem Guru der Spieltheorie überschritten. So ist es keineswegs verwunderlich, daß uns selbst
wohlbestallte, akademische Roßtäuscher statt eines Trojanischen Pferdes
bestenfalls ,,*Selten's horse*'' anzubieten haben.

Welcher Stellenwert kann hingegen unserem Angebot beigemessen werden? In methodischer Sicht weist die letzte Stufe des in Bild 8.1 definierten, zweistufigen Signalisierspiels Grundzüge des wohlbekannten *„quiche and beer"*'Modells [23] auf, ohne über dessen herben Imbißstubencharme zu verfügen. Im Unterschied zu In-Koo Cho und Kreps verfolgen wir jedoch in unserer Arbeit keine rein didaktischen Ziele. Ausgangspunkt unserer Betrachtungen ist die in der 95ten Fabel des Hyginus [53] geschilderte Geschichte vom Wahnsinn des Odysseus.

8.1 Der Wahnsinn des Odysseus

An einem kalten Herbsttag des Jahres 1260 v.Chr. lenkten kräftige Ruderschläge ein mykenisches Kriegsschiff in den entvölkerten Hafen Phorkys der Insel Ithaka. In Bronze und Leder gepanzert, betrat Großkönig Agamemnon das Eiland. Ihm zur Seite schritt Palamedes, des Nauplios' kluger Sohn, den die Achaier mit Recht als Erfinder der Buchstaben, Würfel und Brettspiele preisen.

Die Hafenmeisterei schien verlassen; vor dem hölzernen, unbemannten Verschlag der Schildwache paradierten Schafe auf und ab. Der Atride war wohl auf einen derartigen Empfang nicht vorbereitet gewesen. Um Rat heischend, blickte er zu seinem gewappneten Gefährten hinüber, worauf jener — ein Freund der klaren und freien Rede — die Zügel seiner Zunge löste.

> „Dies also", hub an Palamedes im wirbelnden Takt der Daktylen,
> „ist Ithakas kärglicher Felsen, die Heimstatt des Helden Odysseus.
> Welch Glück diesen Gau zu verlassen, der Armut Gestade zu meiden,
> In Trojas Geviert zu erringen des Ruhmes unsterblichen Kranz.
> Was einstmals der Freier gelobet, soll nunmehr in Ehren er halten,
> Zur Pflicht wird Helenens Befreiung durch uns'ren Gestellungsbe-
> fehl."

Bei aller Vorliebe, die die Achaier — zumindest in Ihren Epen — für die Versschmiedekunst offenbarten, war die Situation wohl zu verfahren, um Agamemnon (und unseren geneigten Lesern) noch weitere zweihebige Senkungen zuzumuten.

Paris hatte die schöne Helena — eine Claudia Schiffer der Antike — nach Troja entführt. Diese freche Besitzstörung konnte sich ihr gehörnter Gemahl nicht gefallen lassen. Und da einstmals die Freier um die Hand der Schönsten den feierlichen Eid abzulegen hatten, daß sie dem einen Auserwählten beistehen würden, wenn jemand ihm die Frau streitig machen wolle, hatte sich in kürzester Zeit ein erkleckliches Aufgebot für den Rachefeldzug zusammengefunden.

Nur wenige schienen den Ruf zu den Waffen überhören zu wollen. Der Wenigen einer, Odysseus, ließ gar drei dringliche Botschaften des achaischen Generalstabes unbeantwortet. Gerüchten zufolge, hatte ihm das Orakel von Delphi für den Fall seiner Kriegsteilnahme einen 20-jährigen Aufenthalt in der Fremde prophezeit. Nun war Agamemnon, seines Zeichens designierter Feldherr, in Ithaka gelandet, um den Wehrpflichtigen höchstpersönlich von der allgemeinen Mobilmachung in Kenntnis zu setzen.

Die mykenische Abordnung fand die Insel in einem desolaten Zustand vor. Ein besonderer Jahrgang verdarb ungelesen in den Weinbergen; der Königspalast auf dem Berge Aetos beherbergte nur das Gesinde. Beim Abstieg längs des westlichen Abhanges kam den Bewaffneten, tränenaufgelöst und ihren Säugling Telemachos in den Armen haltend, Penelope des Odysseus Gespons entgegen.

„Wo ist dein Mann, Weib?", herrschte Agamemnon sie an. Ithakas Königin wies ihm erhobenen Hauptes den Weg zu einem einsamen Strand, woselbst eine kräftige Gestalt in ungleichmäßigen Mäanderlinien den lockeren Sand durchfurchte. Pferd und Ochse waren vor dem Pflug gespannt; der Pflüger trug einen spitzen Hut und säte unablässig Salz aus. Es war Odysseus, den die Götter offensichtlich mit Wahnsinn geschlagen hatten.

„Untauglich zum Dienst mit der Waffe", bemerkte Agamemnon gequält. Da ergriff Palamedes den Säugling und legte ihn vor die Pflugschar in den Sand. Würde Odysseus wohl die Furche durch seinen Sohn hindurch ziehen?

8.2 Das spieltheoretische Modell

Ohne den eher melodramatischen Geschehnissen weiter vorgreifen zu wollen, ist es nunmehr an der Zeit, einige spieltheoretische Überlegungen anzuschließen. Wir werden Odysseus' Dilemma als Ergebnis der extensiven Zugfolge in einem zweistufigen Dreipersonen-Spiel mit unvollständiger Information deuten. Die mykenische Partei wird durch den Spieler Palamedes repräsentiert. Seine Widerparte sind Odysseus der Simulant und Odysseus der Wahnsinnige. Die Information, mit welchem dieser beiden er es in Wirklichkeit zu tun hat, geht Palamedes gleich zu Spielbeginn ab.

Dieses Manko läßt sich jedoch mit einem Taschenspielertrick ausgleichen. In der Harsanyischen Tradition (siehe [45], [46], [47]) wird zu aller Anfang ein Zufallszug[1] ins Spiel gebracht. Dabei wird gemäß einer allen Spielern bekannten *a priori*-Verteilung der Gegenspieler des Palamedes erwürfelt.

Die Informationsstruktur dieses neuen Spiels ist nunmehr vollständig, jedoch unvollkommen, da Palamedes nur die Wahrscheinlichkeit p (respektive $1 - p$) kennt mit der Odysseus der Wahnsinnige (Odysseus der Simulant) am Zug ist. Seine beiden Widersacher wissen jedoch stets darüber Bescheid, ob sie ins Spiel kommen (oder nicht).

Hat das Schicksal entschieden, so erhält Odysseus die Gelegenheit sein erstes Signal abzusetzen. Er kann sich, unabhängig von seinem erwürfelten Typus, entweder jeder Äußerung enthalten: Strategie $\bar{w}$ oder, wahlweise, als Wahnsinniger aufführen: Strategie w.

Danach ist Palamedes am Zug. Wurde ihm nichts signalisiert, so entscheidet er zwischen Verzicht und Einberufung: Strategien v und e. Empfing er hingegen das Signal Wahnsinn, so wird er entweder auf Odysseus verzichten: Strategie v oder Telemachos ins Spiel bringen: Strategie t. In diesem letzteren Fall erfährt das Spiel eine dramatische Wende. Odysseus wird zur Abgabe eines neuen Signals gezwungen. Er kann Telemachos opfern: Strategie o oder schonen: Strategie s. Palamedes wird schließlich mit Verzicht oder Einberufung reagieren.

---

[1]Harsanyi spricht allgemein von einem Zug der Natur. Wir hingegen können im gegenständlichen Fall zweifellos von einem Zug der Schicksalsgöttin MOIRA ausgehen.

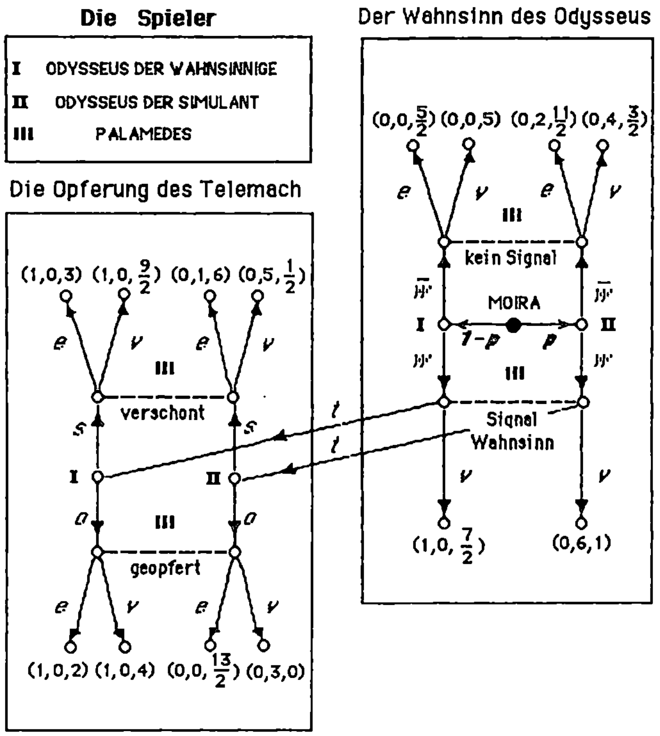

Bild 8.1 Odysseus zieht in den Krieg: Spielbaum des Dreipersonenspiels

Das Bild 8.1 beschreibt nunmehr die extensive Spielabfolge durch Angabe des zugehörigen Spielbaumes. Die Nutzenwerte der drei Spieler bilden hierbei deren Präferenzen über die jeweils zu erreichenden Spielausgänge ab.

So bewertet beispielsweise der Simulant eine erfolgreiche Täuschung seines Kontrahenten dann am höchsten, wenn Palamedes auf die Durchführung des Telemach-Testes verzichtet. Die geglückte Täuschung bei erfolgender Verschonung seines Sprößlings erreicht die zweitbeste Auszahlung. Ein bis zur letzten Konsequenz Simulierender muß schlußendlich für den Fall seiner Einberufung mit dem geringsten Wert rechnen.

Dem Wahnsinnigen dagegen ist (im wahren Sinn des Wortes) alles 1; nur der Verstellung kann er keinen Nutzen abgewinnen. Palamedes gibt seinerseits vor allem denjenigen Spielausgängen den Vorzug, die für den Simulanten zutiefst demütigend sind. Er ist sodann eher bereit, einen Wahnsinnigen einzuberufen (Berserker-Effekt?), als auf einen Simulanten zu verzichten.

8.3 Verhaltensstrategische Analyse

Im Prinzip wäre es durchaus möglich, sich statt des Spielbaumes in Bild 8.1 eine zugehörige Normalformdarstellung vor Augen zu führen. Der Zeilenspieler würde in diesem Fall als Drahtzieher[2] zwei Marionetten tanzen lassen: Odysseus den Wahnsinnigen und Odysseus den Simulanten. Der Spaltenspieler muß hingegen Palamedes ins Spiel bringen.

Man erhält für beide Drahtzieher jeweils 16 reine Strategien, die für jeden Entscheidungsknoten eine spezielle Aktion empfehlen. So stellt z.B. die reine Strategie *wwos* beiden Odysseusen die Abgabe des Signals Wahnsinn in der ersten Stufe des Spiels anheim; danach sollte der Wahnsinnige Telemach opfern, der Simulant ihn hingegen verschonen. Man sagt auch, daß die beiden Typen des Odysseus (ihrem Signalverhalten nach) in der ersten Stufe einen *Pool* bilden, in der zweiten jedoch *separierende* Signale absetzen.

In Bild 8.2 haben wir (anhand der reduzierten Drahtzieher-Normalform[3]) für jede Konfiguration reiner Strategien[4] die (gemäß der vorgegebenen *a priori*-Verteilung) entsprechend gewichteten Nutzenwerte bestimmt.

Selbstverständlich ließe sich die Matrix in Bild 8.2 auf das Vorhandensein von Gleichgewichten (in gemischten Strategien) abklopfen. Dies wäre jedoch ein krasser Kunstfehler. Da der Spielbaum in Bild 8.1 auf

---

[2] Dieser technische Trick erfolgt im vorliegenden Falle durchaus in Übereinstimmung mit dem mythischen Geschehen. So könnte Hermes — der Gott der Kaufleute und Diebe — das Schicksal seines Urenkels Odysseus in die Hand nehmen; für Palamedes stünde mit Pallas Athene — die Göttin der Weisheit — keine geringere Puppenspielerin bereit.

[3] deren Zeilen und Spalten von Trojakämpfern (copyright ©Erich Lessing Culture and Fine Arts Archives. Alle Rechte vorbehalten.) beherrscht werden.

[4] 6 für den Zeilen- und 5 für den Spaltenspieler

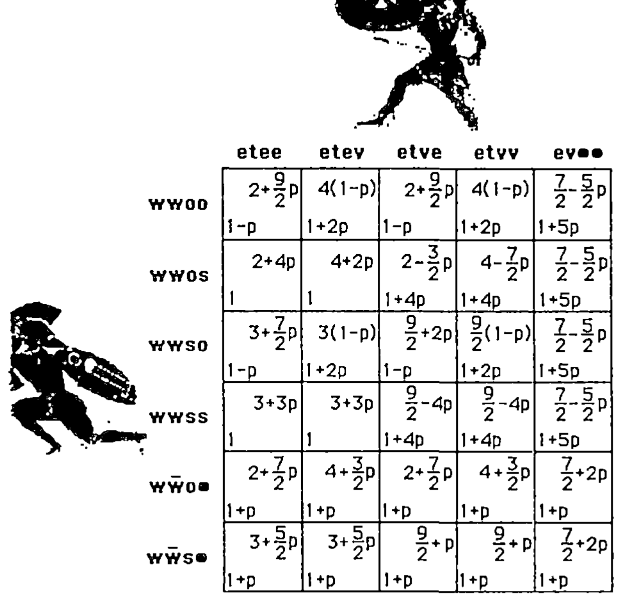

	etee	etev	etve	etvv	ev●●
wwoo	$\dfrac{2+\frac{9}{2}p}{1-p}$	$\dfrac{4(1-p)}{1+2p}$	$\dfrac{2+\frac{9}{2}p}{1-p}$	$\dfrac{4(1-p)}{1+2p}$	$\dfrac{\frac{7}{2}-\frac{5}{2}p}{1+5p}$
wwos	$\dfrac{2+4p}{1}$	$\dfrac{4+2p}{1}$	$\dfrac{2-\frac{3}{2}p}{1+4p}$	$\dfrac{4-\frac{7}{2}p}{1+4p}$	$\dfrac{\frac{7}{2}-\frac{5}{2}p}{1+5p}$
wwso	$\dfrac{3+\frac{7}{2}p}{1-p}$	$\dfrac{3(1-p)}{1+2p}$	$\dfrac{\frac{9}{2}+2p}{1-p}$	$\dfrac{\frac{9}{2}(1-p)}{1+2p}$	$\dfrac{\frac{7}{2}-\frac{5}{2}p}{1+5p}$
wwss	$\dfrac{3+3p}{1}$	$\dfrac{3+3p}{1}$	$\dfrac{\frac{9}{2}-4p}{1+4p}$	$\dfrac{\frac{9}{2}-4p}{1+4p}$	$\dfrac{\frac{7}{2}-\frac{5}{2}p}{1+5p}$
w̄w̄o●	$\dfrac{2+\frac{7}{2}p}{1+p}$	$\dfrac{4+\frac{3}{2}p}{1+p}$	$\dfrac{2+\frac{7}{2}p}{1+p}$	$\dfrac{4+\frac{3}{2}p}{1+p}$	$\dfrac{\frac{7}{2}+2p}{1+p}$
w̄w̄s●	$\dfrac{3+\frac{5}{2}p}{1+p}$	$\dfrac{3+\frac{5}{2}p}{1+p}$	$\dfrac{\frac{9}{2}+p}{1+p}$	$\dfrac{\frac{9}{2}+p}{1+p}$	$\dfrac{\frac{7}{2}+2p}{1+p}$

Bild 8.2   Die (reduzierte) Drahtzieher-Normalform

ein extensives Spiel mit vollkommener Erinnerung hinweist, sollte man eher auf das Mittel der verhaltensstrategischen Analyse zurückgreifen.

In Bild 8.3 haben wir ein Beispiel für diese Vorgangsweise dargestellt. Nachdem MOIRA im Wurzelknoten des Spiels (gemäß der allen bekannten *a priori*-Verteilung $(1 - p, p)$) den Typ des Odysseus gewählt hat, gibt der Wahnsinnige mit Wahrscheinlichkeit 1, der Simulant mit der (noch unbekannten) Wahrscheinlichkeit α das Signal Wahnsinn ab.

In Abhängigkeit von diesem (vermuteten) Verhalten steht die beste Antwort des Palamedes im Informationsbezirk "kein Signal" fest. Seiner Vermutung nach befindet er sich (mit Wahrscheinlichkeit 1) im rechten Entscheidungsknoten. Somit wird er Odysseus (den Simulanten) wohl mit Wahrscheinlichkeit 1 einberufen.

Was passiert hingegen im Informationsbezirk "Wahnsinn ist das Signal"? Die Wahrscheinlichkeit, daß er erreicht wird, ist $\alpha p + (1 - p)$.

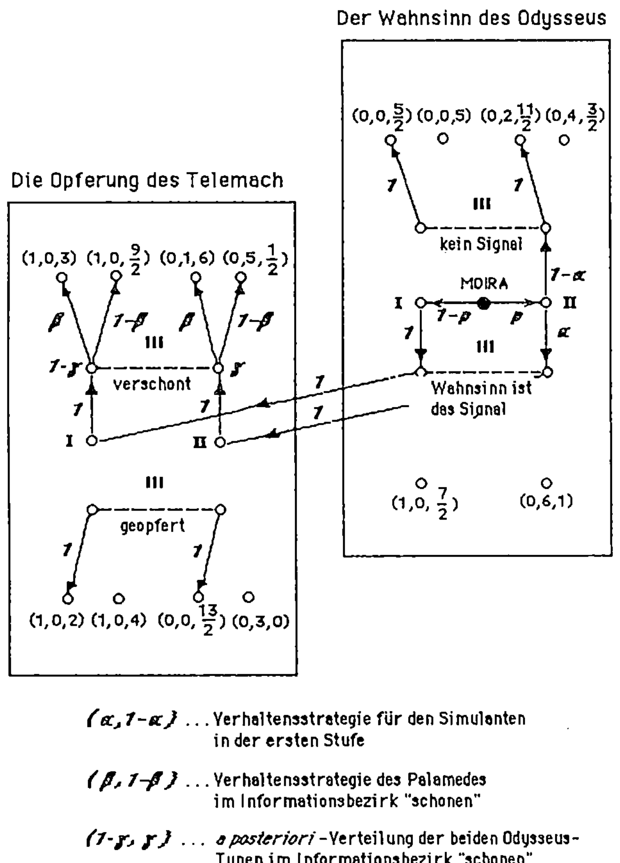

(α, 1-α) ... Verhaltensstrategie für den Simulanten
in der ersten Stufe

(β, 1-β) ... Verhaltensstrategie des Palamedes
im Informationsbezirk "schonen"

(1-γ, γ) ... *a posteriori* -Verteilung der beiden Odysseus-
Typen im Informationsbezirk "schonen"

Bild 8.3   Die Kunst der verhaltensstrategischen Analyse

Als *a posteriori*-Verteilung der Typen läßt sich somit $(1 - \gamma, \gamma)$ mit $\gamma = \alpha p/[\alpha p + (1 - p)]$ ableiten. Diese Verteilung würde auch für den Informationsbezirk "verschont" gelten, falls wir annehmen, daß sich Palamedes mit Wahrscheinlichkeit 1 für die Durchführung des Telemach-Testes entscheidet, und beide Typen (im Pool) mit der gleichen Wahrscheinlichkeit 1 Telemach schonen.

Wie wird schließlich Palamedes im Bezirk "verschont" reagieren? Ei-

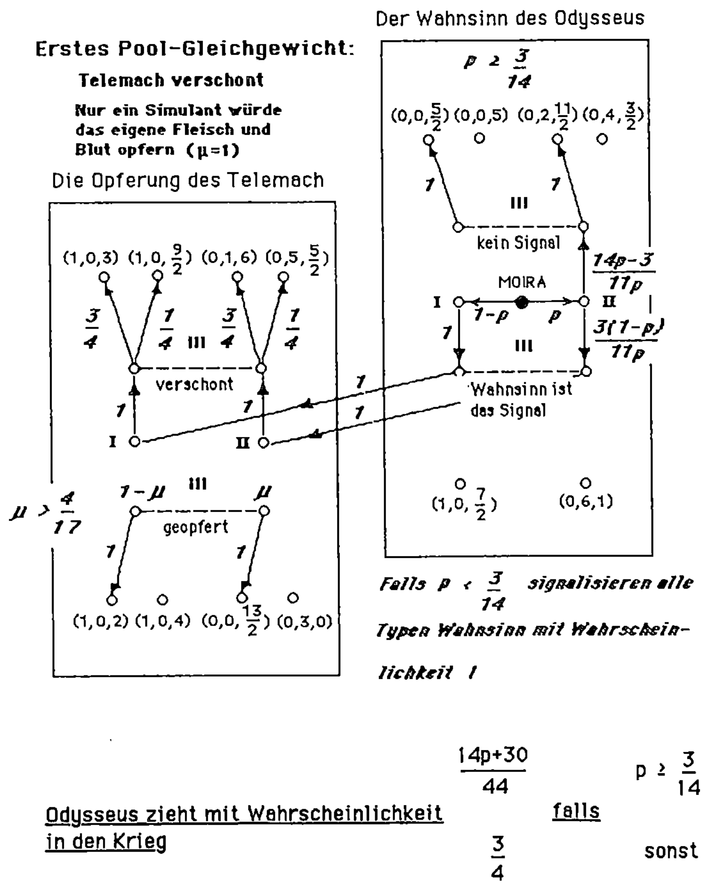

$$\text{Odysseus zieht mit Wahrscheinlichkeit in den Krieg} \quad \begin{cases} \dfrac{14p+30}{44} & \text{falls } p \geq \dfrac{3}{14} \\[2ex] \dfrac{3}{4} & \text{sonst} \end{cases}$$

Bild 8.4 Telemach wird verschont

genartigerweise können wir seine unbekannte Verhaltensstrategie, die ihn mit Wahrscheinlichkeit β nach dem Einberufungsbefehl für Odysseus greifen läßt, aus dem Verhalten des Simulanten bestimmen. Da Odysseus der Simulant in seinem ersten Entscheidungsknoten zwischen den ihm zur Verfügung stehenden Signalen indifferent ist, gilt notwendigerweise folgende Nutzengleichung:[5] $\beta + 5(1 - \beta) = 2$. Man erhält

---

[5]auf der linken Seite dieser Gleichung steht der Nutzen, der dem Simulanten zu-

demnach für β den Wert $3/4$.

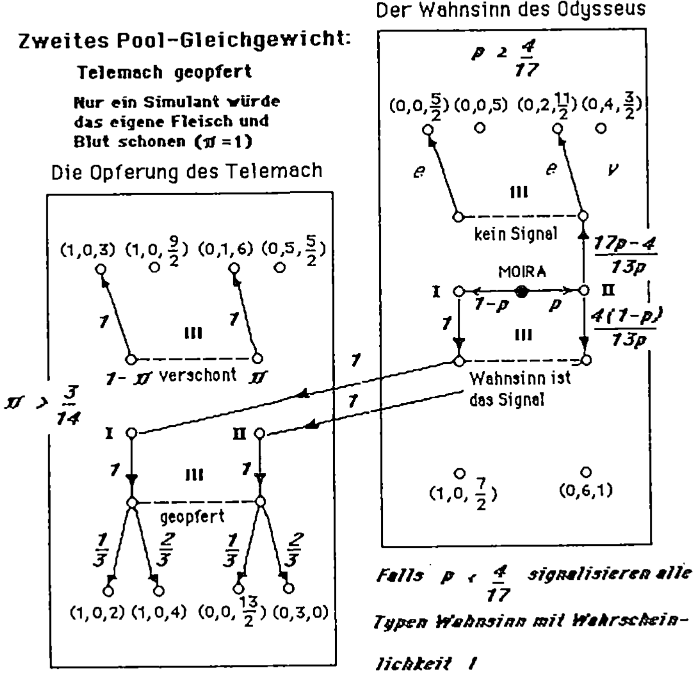

$$\text{Odysseus zieht mit Wahrscheinlichkeit in den Krieg} = \begin{cases} \dfrac{34p+5}{39} & \text{falls } p \geq \dfrac{4}{17} \\[2ex] \dfrac{1}{3} & \text{sonst} \end{cases}$$

Bild 8.5   Telemach wird geopfert

---

kommen würde, falls er das Signal Wahnsinn abgibt; auf der rechten der Nutzen, den er andernfalls erreichen würde.

Aus der Indifferenz von Palamedes im Bezirk "verschont" kann man schließlich den Wert für α berechnen. Dazu verwendet man die *a posteriori*-Verteilung $(1 - \gamma, \gamma)$. Wird Odysseus einberufen, so erreicht Palamedes den Nutzen: $3(1 - \gamma) + 6\gamma$. Bei Verzicht erhält er hingegen $9(1 - \gamma)/2 + \gamma/2$. Stimmen diese Werte überein, so gilt: $\alpha = 3(1 - p)/(11p)$.

Wenden wir uns schließlich dem Informationsbezirk "geopfert" zu, der abseits des oben beschriebenen Spielverlaufes zu liegen kommt. Man könnte nun der Ansicht sein, daß des Palamedes Verhalten in diesem Bezirk überhaupt keine Rolle spielt. Welch ein Trugschluß! Würde Palamedes nämlich mit Wahrscheinlichkeit 1 auf Odysseus verzichten, so könnte der Simulant durch einen Signalwechsel einen höheren Nutzen erreichen. Das in Bild 8.4 dargestellte Gleichgewicht in Verhaltensstrategien wäre somit zerstört.

Aufrechterhalten wird es jedoch durch eine Mutmaßung, die Palamedes[6] veranlaßt, im Bezirk "geopfert" auf den Einberufungsbefehl zu setzen. Diese[7] könnte beispielsweise folgendermaßen lauten: *Nur ein Simulant würde das eigene Fleisch und Blut opfern.*

Im Mythos wird Telemach[8] ebenfalls verschont. Vor die Wahl gestellt, sein eigenes Fleisch und Blut zu opfern, gibt Odysseus sich geschlagen und als Simulant zu erkennen. Nur ein Wahnsinniger — so legt uns die Sage Palamedes' Mutmaßung nahe — würde Telemach opfern. Wir wissen bereits, wie gefährlich und destabilisierend diese Mutmaßung wäre. Sie könnte schnurstracks zu dem Gleichgewicht in Bild 8.5 führen.

---

[6]Die Sache mit der Einberufung kommt Palamedes später recht teuer zu stehen. Er wird — auf Betreiben des verschlagenen Odysseus — zu Unrecht des Diebstahls beschuldigt und hingerichtet.

[7]Weitere stabilisierende Mutmaßungen abseits des Gleichgewichtspfades haben wir in Bild 8.4 durch die Ungleichung $\mu > 4/17$ festgelegt.

[8]Der Name Telemach weist an sich auf das Vorliegen zweier Optionen für Odysseus hin. Er kann entweder mit „Der dem Kriege Fernbleibende" oder mit „Der in der Ferne Kämpfende" übersetzt werden.

Ein Nachspiel in Versen

Nach Spielschluß verspürt man meist die Notwendigkeit, alles, was man zu sagen versäumte, in aller Deutlichkeit auszusprechen. Hat man da nicht den einen oder anderen wichtigen Ratschlag vergessen, wollte man nicht dem wissensdurstigen Wanderer noch den einen oder anderen Fingerzeig über Weisheitsquellen oder Irrlichter im Internet mit auf den Weg geben?

Dabei ist die Entscheidung über Erfolg oder Mißerfolg längst schon gefallen. An einem staubigen Schreibtisch, in einer fernen Universitätsstadt, sitzt bereits ein akademischer Scharfrichter — ein Unbedankter, an den man in etwaigen Dankadressen und pflichtschuldigsten Zitaten nicht gedacht — über uns zu Gericht. Schon wetzt er seine Feder und spricht sein Urteil (nur in den seltensten Fällen in Versen,[9] so wie es den bedauernswerten Autoren Drew Fudenberg und Jean Tirole mit ihrem Meisterwerk [38] wiederfuhr[10]):

*Kasten N. 1: The Mad Reviewer's Song**

> *He thought he saw a Hecatomb*
> *Of textbooks just in press:*
> *He looked again, and found it was*
> *So Startling a Success.*
> *'Each copy, sold at student price,*
> *Means earning (more or less)!'*

[9]Wiewohl ich schweren Herzens die volle dichterische Verantwortung für das untenstehende Spottgedicht übernehmen muß, kann ich nicht umhin, einige Quanten an Verantwortung auf Steven Brams abzuwälzen, der mein unsägliches Englisch verbessern konnte.

[10]unter der Adresse http://www.math.tuwien.ac.at/OR/Andis/Game4/game4.html läßt sich diese ungewöhnliche Buchbesprechung im WorldWideWeb erreichen.

He thought he saw a Book of Height
  (In inches) almost twelve:
He looked again, and found it was
  An MIT Press Elf.
'I won't be able, Lord,' he said,
  'To put it on my shelf!'

He thought he heard a Wise Advice
  On publishing for free:
He heared again, and found it was
  An Unknown Referee.
'If you reject my work,' he said,
  'Ken Binmore pays the fee!'

He thought he saw a Chapter on
  A differential game:
He looked again, and found it was
  A Long Prevailing Shame.
'A lot of reference,' he said,
  'But what's about my name?'

He thought he saw a Strategy
  Undominated, strict:
He looked again, and found it was
  Quite Easy to Depict.
'I'll never play a game,' he said,
  'So simple to predict!'

He thought he saw a Nash Profile
  Remaining unrefined:
He looked again, and found it was
  Induction from Behind.
'Before more doubts arise,' he said,
  'Apply it! Never mind!'

He thought he saw a Concept that
One loves to understand:
He looked again, and found it was
R. Selten's Trembling Hand.
'If Bonn's okay, we stay,' he said,
Why point at Samarkand?'

He thought he saw a Dirty Face
In common knowledge rage:
He looked again, and found it was
A Game Without a Sage.
'Just read this book,' he faintly said,
While blushing at each page!'

ENVOI

He thought he saw a Book Review
With pages more than eight:
He looked again, and found it was
A Really Awful Fate.
'If Fudenberg goes to Tirol(e),
They wouldn't correlate!'

---

* LaTeXted by Alexander Mehlmann in the manner of Lewis Carroll

Anhang A: Spiele im Netz der Netze

Wie lange die Facetten unserer Tage noch zwischen zwei Buchdeckeln eingepreßt zum Glänzen gebracht werden können, steht wohl in den Sternen. Schon erweist sich das neue Medium des Internet als ein zwar kurzlebiger, jedoch blitzschneller Widersacher.

Die Vor- und Nachteile liegen offensichtlich auf dem Bildschirm. Informationen, die man noch vor wenigen Jahren erst nach einer mühsamen Korrespondenz ergattern konnte, liegen im staufreien Heutzutage nur einige Sekundenbruchteile entfernt. Dies entwertet wohl in erster Linie den Status akademischer Journale zu dem referierter Archive und pumpt andererseits zum Teil ungefilterte und voreilige Ergebnisse in den Kreislauf des wissenschaftlichen Diskurses.

Doch was sind all diese Bedenken gegen die Möglichkeit, einen unbeschränkten Zugang zur Quelle spieltheoretischen Wissens zu erwirken. So treten beispielsweise im Kampf um die Gunst der Studierenden die neuesten Buchveröffentlichungen gegeneinander an:

Kasten A1: Spieltheoriebücher im WorldWideWeb

1. *Nalebuff und Brandenburgers Coopetition [76]:*
   http://mayet.som.yale.edu/ nalebuff/

2. *Fudenberg und Tiroles Game Theory [38]:*
   http://mitpress.mit.edu/book-home.tcl?isbn=0262061414

3. *Fudenberg und Levines The Theory of Learning in Games [37]:*
   http://levine.sscnet.ucla.edu/Papers/CONTENTS.HTM

4. *Osborne und Rubinsteins A Course in Game Theory [82]:*
   http://mitpress.mit.edu/book-home.tcl?isbn=0262650401

   mit dazugehörigem Übungsbuch:
   http://www.socsci.mcmaster.ca/~econ/faculty/osborne/cgt/SOLS.HTM

5. Weibulls Evolutionary Game Theory [102]:
http://mitpress.mit.edu/book-home.tcl?isbn=0262731215

Doch all dies verblaßt geradezu gegen das Archiv der Forschungsarbeiten zur Spieltheorie an der Universität Washington. Diese Schatzhöhle bietet Zauberlehrlingen und Adepten, sofern sie ein für das *WorldWide-Web* gültiges *Sesam öffne dich* der Gestalt:

http://econwpa.wustl.edu/months/game

aussprechen oder zumindest eintippen können, die (nach dem Kalenderjahr angeordneten) elektronischen Gedankenperlen von mehr als 40 „Räubern". Als Werkzeug wird — bei aller gebotenen Vorsicht[11] — ein PC (oder besser ein Macintosh) mit Zugang zum Internet empfohlen, sowie ein Programm wie *Netscape Navigator* oder *Microsoft Internet Explorer*, das die eingegebenen Netzadressen orten, laden und durchstreifen kann. Die Forschungsarbeiten lassen sich schließlich in unterschiedlichen Formaten (Postscript, PDF, $\TeX$) auf die eigene Festplatte importieren.

---

[11]   **Das Computersonett**

Der Schalter: On. Das Keyboard treibt es dreister
Und zwingt der Harddisk ab ein stolzes Fauchen.
Aus Bildschirmtiefen scheinen aufzutauchen
(In Monochrom) des Zauberlehrlings Geister.

Wer ihren Slang versteht, als Weitgereister,
Wird wohl der Klone Fingerzeig nicht brauchen
Und greift, noch eh' die Anschlußbuchsen rauchen,
Nach dem RESET, der Höllenzwänge Meister.

Nur wenige jedoch sind auserkoren,
Geweiht der Kabbala der Sonderzeichen,
Um jedem Menetekel auszuweichen.

Denn nahen sich am Ende Professoren
Dem in Taiwan erzeugten Teufelskasten,
Gibt's kein ESCAPE; so sehr sie's auch ertasten.

© Alexander Mehlmann

Auch wissenschaftliche Zeitschriften begeben sich auf das schlüpfrige Web-Parkett und bewerben durch Kurzinhalte ihre neuesten Beiträge. Diese und weitere spieltheoretische Facetten nebst zusätzlichen Verbindungen sind im nächsten Kasten zusammengefaßt:

Kasten A2: Spieltheoretische Facetten

1. *Das International Journal of Game Theory:*
   http://www.tau.ac.il/ijgt/index.html

2. *Die Zeitschrift GAMES and Economic Behavior:*
   http://www.apnet.com/www/journal/ga.htm

3. *Das Centro Interuniversitario per la Teoria dei Giochi e le Applicazioni an der Universität Genua:*
   http://fismat.dima.unige.it/citg/citg.htm

4. *Das Center For Rationality and Interactive Decision Theory an der Hebräischen Universität zu Jerusalem:*
   http://www.ma.huji.ac.il/˜ranb/

5. *Die International Society of Dynamic Games an der Universität Helsinki:*
   http://www.hut.fi/HUT/Systems.Analysis/isdg/

6. *David Eppsteins Seite zur kombinatorischen Spieltheorie:*
   http://www.ics.uci.edu/˜eppstein/cgt/

7. *Roger McCains Einführung in die Spieltheorie:*
   http://william-king.www.drexel.edu/top/class/game-toc.html

8. *Jim Ratliffs spieltheoretische Ressourcen:*
   http://www.u.arizona.edu/ic/jratliff/GameTheoryResources.html

9. *Alvin Roths Seite zur Spieltheorie und experimentellen Ökonomie.*
   http://www.pitt.edu/˜alroth/alroth.html

Anhang B: Ein Spiel für Jack the Ripper

(**Anmerkung des Autors**): *Eine schicksalhafte Fügung spielte mir vor einiger Zeit die verschlüsselten Memoiren Professor Moriartys in die Hände. Ich hatte den übel verleumdeten Mann bislang für eine Figur aus den Dreigroschenromanen eines gewissen Arthur Conan Doyle gehalten. Moriartys Erinnerungen sprechen hingegen eine andere, unangenehmere Wahrheit aus. Bei aller Verwicklung in die Affären seiner Zeitgenossen kann Moriarty niemals sein wissenschaftliches Selbst verleugnen. Die folgenden Zeilen geben in des Professors eigenen Worten Rechenschaft über das Calcül des Schreckens — Moriartys ureigenes Spiel für Jack the Ripper. Die Authentizität der nachfolgenden Zeilen kann schon allein daran gemessen werden, daß kein realer Wissenschafter es wagen würde, auf Kosten seiner Reputation ein Ripper-Modell[12] zu erstellen.*

Unter merkwürdigeren Umständen ist wohl noch nie eine mathematische Disputation abgehalten worden. 24 fleißige Hände kippten die Tafel und lehnten sie gegen die hintere Grottenwand. In fliegender Hast füllte ich die rauhe Oberfläche mit den schlanken Schlangenlinien der Integralzeichen. Nun war ich in meinem Element.

„Hohes Auditorium!", hub ich schmeichlerisch an. „Zwei Fragen vermag das Calcül des Schreckens zu beantworten. Die nach dem Warum, sowie die nach dem Wie. Wir wollen uns vorerst an Rippers Statt versetzen, um der ersten nachzugehen."

Das Knirschen der Kreide, die zwei meiner Formeln einem bedrohlich scheinenden Karree einschrieb, ließ mich schaudern. Meine Nakkenhaare stellten sich auf; mit verschnürter Kehle wies ich auf die so ausgezeichneten Gleichungen.

---

[12]*von einem Faust- oder einem Odysseus-Modell gar nicht zu reden.*

$$J = \int_0^T e^{-rt}\left[V(s(t))p(t) + K\dot{p}(t)\right]dt \;+\; e^{-rT}Sp(T)$$

$$\dot{p}(t) = -hs(t)p(t), \quad p(0) = 1$$

„Hierin ist all unser Handeln eingefangen." gab ich zu. „Die Nacht, sie ist unser Revier, die Zeit—ein treuloser Verbündeter. Und führet uns auch des Schlächters Energie $s(t)$ Stich um Stich unserem Ziele—was immer es auch sein mag—entgegen, die Wahrscheinlichkeit $p(t)$, zum Zeitpunkt t noch ungestört jenem mörderischen Handwerk nachzugehen, ist um ein Vielfaches im Schwinden begriffen."

Der blanke Ausdruck der Unverständigkeit spiegelte sich in den Augen der Sektierer. Ich sah mich wohl oder übel genötigt, ein Schäuflein nachzulegen, und schrieb den Differentialausdruck um: $-\dot{p}(t)/p(t) = hs(t)$.

„Vergleicht man nunmehr die linke mit der rechten Seite," stellte ich fest, „so kann des Rippers Risiko, zum Zeitpunkt t erstmals aufzufliegen, dem h-fachen Wert seiner gegenwärtigen Schlitzintensität gleichgesetzt werden."

Hier und jetzt, während ich meinen Bericht niederschreibe und mühsam trachte, das verwirrende Puzzle jener Tage aus den wenigen Bruchstücken, die mir heute noch verständlich scheinen, zusammenzusetzen—hier, an diesem trostlosen Zufluchtsort, und jetzt, im nichtigsten aller Augenblicke, steigen da nicht des Zweifels übelriechende Schwaden vom Autodafé meines analytischen Hochmuts auf?

Ja, ich hatte sie angelegt, die glänzende Rüstung der Gematrie; das Arsenal der Variationsrechnung stellte mir die hochmögendsten Verfahren zur Verfügung, und ich glaubte die Wirklichkeit in einer Nußschale einfangen zu können.

Sechs Mal hatte der Ripper insgesamt zugeschlagen (soferne man die Nacht zum 1 Oktober 1888 als Endzeitpunkt ansehen konnte). Die Abstände zwischen den Eruptionen des Grauens schrumpften vorerst monoton. Die größere chronologische Lücke zwischen dem Mord an Annie Chapman und meiner Festnahme, die diesen Trend zu widerlegen schien, wurde durch das zweimalige Auftreten des Bösen in jener unglückseligen Nacht bei weitem aufgewogen. Es stand somit fest: des Rippers Intensität war eine nicht abnehmende Funktion der Zeit.

Welche Parameterkonstellation würde wohl das Zustandekommen einer derartigen Trajektorie begünstigen? Ich setzte, ohne Beschränkung der Allgemeinheit, die Heimsuchung auf ein endliches Intervall der Länge T fest, dessen Atome in stetig lockeren Scheiben eingeteilt und mit der Diskontrate r gewichtet wurden. $V(s(t))$ bezeichnete den Gewinn, der dem Schlitzer aus seiner momentanen Tätigkeit erwuchs; mit Wahrscheinlichkeit $p(t)$ würde er jedoch, stattdessen, entlarvt werden, und hatte, sodann, mehr oder weniger mit dem Schlimmsten K zu rechnen. S Einheiten kamen ihm jedoch, schließlich, zu Nutze, falls er das tödliche Spiel unbeschadet überstand.

Ich hatte an alles gedacht! Legte ich den Ripper unersättlich an, so konnte er mehr als doppelt so viel Vergnügen beim Ausweiden zweier Opfer empfinden, als es die einfache Durchführung einer singulären Schandtat erwarten ließ. Wurde hingegen die Genügsamkeit auf sein Panier geschrieben, so verhielt es sich genau umgekehrt. Doch, selbst wenn die makabre Beziehung zur Gleichung entartete, das Gewirr der Hypothesen und Korollare gab stets nur die eine Schlußfolgerung preis:

Kasten B1: Modellannahmen

V' ... *die erste Ableitung der Funktion* $V(s)$ *nach* s.

V'' ... *die zweite Ableitung der Funktion* $V(s)$ *nach* s.

$\dot{s}$ ... *die erste Ableitung der Schlitzintensität nach der Zeit.*

s^∞ ... *der durch die Gleichung* $(r + hs^\infty)V'(s^\infty) = h[V(s^\infty) + r]$
eindeutig bestimmte stationäre Schlitzwert für genügsame Ripper.

$\bar{s}$ ... *der höchst zumutbaren Schlitzwert für Ripper, die nicht genügsam sind.*

Kasten B2: Des Rippers Theorem

Je höher der Tat und Risiko verknüpfende Faktor h angesetzt werden muß, desto weniger Bedeutung mißt der Ripper der Unversehrtheit seiner eigenen Person (d.h. der Summe $S + K$) zu. Gilt zusätzlich

(i) *Der Ripper ist genügsam ($V'' < 0$) und $(S + K) < V'(s^\infty)/h$.*

(ii) *Der Ripper ist unersättlich oder linear ($V'' \geq 0$) und $(S+K) < 1/h$.*

dann ist seine Schlitzintensität eine nicht abnehmende Funktion der Zeit. Insbesondere gilt

- *im Falle (i): $s(t) > s^\infty$ und $\dot{s}(t) > 0$ für jeden furchtbaren Augenblick t; der letzte Schlitzwert ist durch $V'(s(T)) = h(S + K)$ gegeben.*

- *im Falle (ii): $s(t) = \bar{s}$ für jeden blutrünstigen Zeitpunkt t.*

Die Dunkelmänner waren meinem *tour de force* nicht gefolgt. Ihre anfängliche Bereitschaft, die Brosamen des Wissens aufzupicken, schien im Laufe meiner Ausführungen merklich zu schwinden. Ja, ich konnte sogar, hie und da, hinter den Kapuzenschlitzen, ein Funkeln des Abscheus vor meinen mathematischen Höllenzwängen erkennen.

Der Großmeister hingegen ordnete wie abwesend die Falten seines Gewandes, und entfernte spitzen Fingers ein imaginäres Staubkörnchen, bevor er mir schließlich seine ungetrübte Aufmerksamkeit zuteil werden ließ.

,,Wir glauben wohl beide an die Magie der Formel, Moriarty'' bemerkte er wissend, ,,auch wenn die Wirklichkeit manchmal ihren eigenen Gesetzen folgt.''

154

Anhang C: Lehrbücher der Spieltheorie

In meiner Spieltheorie-Vorlesung sitzen (einträchtig nebeneinander) Mathematiker und Wirtschaftsinformatiker. Während die einen, nach langjährigem Studium an die ewig wiederkehrende Litanei von Definition, Satz, Beweis gewöhnt, durchaus mit der Mehrzahl der am Markt befindlichen Einführungen in die Spieltheorie zurecht kommen würden, scheuen die anderen in schöner Regelmäßigkeit vor höheren mathematischen Hürden zurück.

Zwischen Zuckerbrot (Binmores vergnügliches ,,Fun and Games'' [13]) und Peitsche (Osborne und Rubinsteins monolithisches ,,A Course in Game Theory'' [82]) gibt es jedoch (wie in Kasten A1 vermerkt) eine Reihe hervorragender Lehrbücher, die geeignet sind, dem Studierenden die Scheu vor der Schikane zu nehmen.

Selbst auf die stereotype Frage unzähliger Jahrgänge: ,,Gibt's das auch auf Deutsch?'' läßt sich eine beste Antwort angeben. So bietet Christian Rieck eine Einführung in die Spieltheorie [87], die sich an Wirtschafts- und Sozialwissenschaftler wendet. Mathematiker werden von Manfred Holler und Gerhard Illing [50] angeleitet. Ökonomen sind bei Werner Güth [43] an der richtigen Adresse.

Literaturverzeichnis

[1] AUMANN, R. J.: *Correlated Equilibrium as an Expression of Bayesian Rationality*. Econometrica, 55(1):1–18, 1987.

[2] AUMANN, R. J.: *Game Theory*. In: EATWELL, J., M. MILGATE und P. NEWMAN (Hrsg.): *The New Palgrave Dictionary of Economics*, S. 460–482. W.W. Norton, New York, 1987.

[3] AUMANN, R. J.: *What is Game Theory Trying to Accomplish?*. In: ARROW, K. J. und S. HONKAPOHJA (Hrsg.): *Frontiers of Economics*, S. 460–482. Blackwell, Oxford, 1987.

[4] AUMANN, R. J.: *Backward Induction and Common Knowledge of Rationality*. Games and Economic Behavior, 8:6–19, 1995.

[5] AUMANN, R. J. und A. BRANDENBURGER: *Epistemic Conditions for Nash Equilibrium*. Econometrica, 63(5):1161–1180, 1995.

[6] AXELROD, R.: *The Evolution of Cooperation*. Basic Books, New York, 1984.

[7] BERLEKAMP, E. R., J. H. CONWAY und R. K. GUY: *Winning Ways for your Mathematical Plays: Games in General*, Bd. 1. Academic Press, London, 1982.

[8] BERLEKAMP, E. R., J. H. CONWAY und R. K. GUY: *Winning Ways for your Mathematical Plays: Games in Particular*, Bd. 2. Academic Press, London, 1982.

[9] BERLEKAMP, E. R., J. H. CONWAY und R. K. GUY: *Gewinnen. Strategien für mathematische Spiele. Band 1: Von der Pike auf*. Friedr. Vieweg & Sohn, Braunschweig, 1985.

[10] BERLEKAMP, E. R., J. H. CONWAY und R. K. GUY: *Gewinnen. Strategien für mathematische Spiele. Band 2: Bäumchen–wechsle–dich*. Friedr. Vieweg & Sohn, Braunschweig, 1985.

[11] BERLEKAMP, E. R., J. H. CONWAY und R. K. GUY: *Gewinnen. Strategien für mathematische Spiele. Band 3: Fallstudien*. Friedr. Vieweg & Sohn, Braunschweig, 1985.

[12] BERLEKAMP, E. R., J. H. CONWAY und R. K. GUY: *Gewinnen. Strategien für mathematische Spiele. Band 4: Solitairspiele*. Friedr. Vieweg & Sohn, Braunschweig, 1985.

[13] BINMORE, K.: *Fun and Games: A Text on Game Theory*. D. C. Heath and Company, Lexington, Massachusetts, 1992.

[14] BINMORE, K.: *Rationality and Backward Induction*. Techn. Ber., Economics Department, University College London, Gower Street, London WC1E 6BT, UK, 1995.

[15] BOREL, E.: *La théorie du jeu et les équations intégrales à noyau symétrique*. Comptes Rendus de l'Académie des Sciences, 173:1304–1308, 1921.

[16] BOREL, E.: *Applications aux jeux d'hasard*. In: *Traité du calcul des probabilités et de ses applications*. Gauthier-Villars, Paris, 1938.

[17] BRAMS, S. J. und W. DONALD: *Nonmyopic Equilibria in 2×2 Games*. Conflict Management and Peace Science, 6(1):39–62, 1981.

[18] BRAMS, S. J. und A. D. TAYLOR: *An Envy-Free Cake Division Protocol*. American Mathematical Monthly, 102(1):9–18, Jan. 1995.

[19] BRAMS, S. J. und A. D. TAYLOR: *On Envy-Free Cake Division*. Journal of Combinatorial Theory, Series A, 70(1):170–173, Apr. 1995.

[20] BRAMS, S. J. und A. D. TAYLOR: *Fair Division: From Cake-Cutting to Dispute Resolution*. Cambridge University Press, Cambridge, 1996.

[21] CARROLL, L.: *Through the Looking Glass and what Alice found there*. In: *The Complete Illustrated Works of Lewis Carroll*, S. 115–233. Chancellor Press, London, 1982.

[22] CARROLL, L.: *The Complete Annotated Alice*. Voyager Expanded Books. The Voyager Company, 1991.

[23] CHO, I.-K. und D. M. KREPS: *Signaling Games and Stable Equilibria*. Quarterly Journal of Economics, CII(2):179–221, 1987.

[24] CONAN DOYLE, A.: *Das Zeichen der Vier*. Haffmans Verlag, Zürich, 1985.

[25] CONAN DOYLE, A.: *Die Memoiren des Sherlock Holmes*. Haffmans Verlag, Zürich, 1985.

[26] DAWID, H. und A. MEHLMANN: *Two Population Contests and the Language of Genetics*. In: PĂUN, G. (Hrsg.): *Mathematical Linguistics and Related Topics*, S. 88–94. Editura Academiei Române, Bucureşti, România, 1995.

[27] DAWID, H. und A. MEHLMANN: *Genetic Learning in Strategic Form Games*. Complexity, 1(5):51–59, 1996.

[28] DAWKINS, R.: *Das egoistische Gen*. Rowohlt Taschenbuch Verlag, Reinbek bei Hamburg, 1996.

[29] DIMAND, M. A. und R. W. DIMAND: *The History of Game Theory, Volume I: From the beginnings to 1945*. Routledge, London, 1996.

[30] DRESHER, M.: *The Mathematics of Games of Strategy*. Dover Publications, New York, 1981.

[31] DROSDEK, A.: *Sunzi und die Kunst des Krieges für Manager*. Langen Müller, München, 1996.

[32] EKELAND, I.: *Zufall, Glück und Chaos: Mathematische Expeditionen*. Deutscher Taschenbuch Verlag, München, 1996.

[33] ELIADE, M.: *Mythos und Wirklichkeit*. Insel Verlag, Frankfurt am Main, 1988.

[34] FEICHTINGER, G. und R. F. HARTL: *Optimale Kontrolle ökonomischer Prozesse*. Walter de Gruyter, Berlin, 1986.

[35] FEICHTINGER, G. und A. MEHLMANN: *Planning the Unusual: Applications of Control Theory to Nonstandard Problems*. Acta Applicandæ Mathematicæ, 7:79–102, 1986.

[36] FLOOD, M. M.: *Some Experimental Games*. Management Science, 5:5–26, 1959.

[37] FUDENBERG, D. und D. K. LEVINE: *Theory of Learning in Games*. über's Internet als Adobe Acrobat PDF-File beziehbar; (erscheint im Dezember des Jahres 1997 bei MIT Press), 1996.

[38] FUDENBERG, D. und J. TIROLE: *Game Theory*. MIT Press, Cambridge, Massachusetts, 1991.

[39] GARDNER, M.: *New Mathematical Puzzles and Diversions*. Penguin, London, 1966.

[40] GARDNER, M.: *Logik unterm Galgen.* Friedr. Vieweg & Sohn, Braunschweig, 1971.

[41] GARDNER, M.: *Puzzles from other worlds.* Vintage, 1984.

[42] GLAZER, J. und C.-T. A. MA: *Efficient Allocation of a "Prize": King Solomon's Dilemma.* Games and Economic Behavior, 1:222–233, 1989.

[43] GÜTH, W.: *Spieltheorie und ökonomische (Bei)Spiele.* Springer Verlag, Berlin, 1992.

[44] GÜTH, W., R. SCHMITTBERGER und B. SCHWARZE: *An Experimental Analysis of Ultimatum Bargaining.* Journal of Economic Behavior and Organization, 3:367–388, 1982.

[45] HARSANYI, J. C.: *Games with Incomplete Information played by 'Bayesian' Players, Part I.* Management Science, 14:159–182, 1967.

[46] HARSANYI, J. C.: *Games with Incomplete Information played by 'Bayesian' Players, Part II.* Management Science, 15:320–334, 1968.

[47] HARSANYI, J. C.: *Games with Incomplete Information played by 'Bayesian' Players, Part III.* Management Science, 15:486–502, 1968.

[48] HARSANYI, J. C. und R. SELTEN: *A General Theory of Equilibrium Selection in Games.* MIT Press, Cambridge, 1988.

[49] HESSE, H.: *Das Glasperlenspiel.* Suhrkamp Taschenbuch Verlag, Frankfurt am Main, 1972.

[50] HOLLER, M. und G. ILLING: *Einführung in die Spieltheorie.* Springer Verlag, Berlin, 1991.

[51] HUGHES, P. und G. BRECHT: *Die Scheinwelt des Paradoxons: Eine kommentierte Anthologie in Wort und Bild.* Friedr. Vieweg & Sohn, Braunschweig, 1978.

[52] HUYGENS, C.: *De ratiociniis in ludo aleæ.* In: *Oeuvres complètes,* Bd. 5, S. 35–47. La Haye, 1925.

[53] HYGINUS: *Fabula XCV.* In: MARSHAL, P. (Hrsg.): *Hygini Fabulæ,* Bibliotheca scriptorum Græcorum et Romanorum Teubneriana. Teubner, Stuttgart, 1988.

[54] ISAACS, R.: *Differential Games.* John Wiley & Sons, New York, 1965.

[55] KAHN, H.: *On Thermonuclear War.* Princeton University Press, Princeton, New Jersey, 1960.

[56] KAHN, H.: *On Escalation: Metaphors and Scenarios*. Praeger, New York, 1965.

[57] KARLIN, S.: *Mathematical Methods and Theory in Games, Programming and Economics*. Dover Publications, New York, 1992.

[58] KILGOUR, D. M.: *The Sequential Truel*. International Journal of Game Theory, 4:151–174, 1975.

[59] KILGOUR, D. M.: *Equilibria for Far-sighted Players*. Theory and Decision, 16(2):135–157, 1984.

[60] KNUTH, D. E.: *Triel: A New Solution*. Journal of Recreational Mathematics, 6(1):1–7, 1973.

[61] KÖHLER, H.-U. L.: *Musashi für Manager*. Econ-Verlag, Düsseldorf, 1986.

[62] KREPS, D. M.: *A Course in Microeconomic Theory*. Harvester Wheatsheaf, New York, 1990.

[63] KREPS, D. M.: *Game Theory and Economic Modelling*. Oxford University Press, New York, 1990.

[64] KREPS, D. M. und R. WILSON: *Sequential Equilibria*. Econometrica, 50:863–894, 1982.

[65] KUHN, H. W.: *Extensive Games and the Problem of Information*. In: KUHN, H. W. und A. W. TUCKER (Hrsg.): *Contributions to the Theory of Games*, Bd. 2, S. 193–216. Princeton University Press, Princeton, 1953.

[66] LESSING, E.: *Die Odyssee: Homers Epos in Bildern erzählt*. Herder, Freiburg, 1966.

[67] LITTLEWOOD, J. E.: *A Mathematician's Miscellany*. Methuen and Company, London, 1953.

[68] MacKIE-MASON, J. K. und H. VARIAN: *Some economics of the internet*. Technical report, University of Michigan, 1993.

[69] MAYNARD SMITH, J.: *Evolution and the Theory of Games*. Cambridge University Press, Cambridge, 1982.

[70] MEHLMANN, A.: *Applied Differential Games*. Plenum Press, New York, 1988.

[71] MEHLMANN, A.: *De Salvatione Fausti: Die Wette zwischen Faust und Mephisto im Lichte von spieltheoretischem Calcül und neuerem Operational Research.* Nr. 5 in *Litzelstetter Libellen.* Ekkehard Faude Verlag, Konstanz, 1989.

[72] MEHLMANN, A. und R. WILLING: *Eine spieltheoretische Analyse des Faustmotivs.* Mathematische Operationsforschung und Statistik, 15(2):243–252, 1984.

[73] MÉZIRIAC, B. DE: *Problèmes plaisants et délectables, qui se font par les nombres.* Lyon, 1612.

[74] MOORE, E. H.: *A generalization of the game called Nim.* Annals of Mathematics, 11:93–94, 1909.

[75] MOSES, Y., D. DOLEV und J. Y. HALPERN: *Cheating Husbands and Other Stories: A Case Study of Knowledge, Action and Communication.* Distributed Computing, 1:167–176, 1986.

[76] NALEBUFF, B. J. und A. M. BRANDENBURGER: *Coopetition— kooperativ konkurrieren: Mit der Spieltheorie zum Unternehmenserfolg.* Campus Verlag, Frankfurt, 1996.

[77] NASH, J. F.: *The Bargaining Problem.* Econometrica, 18:155–162, 1950.

[78] NASH, J. F.: *Equilibrium Points in n-Person Games.* Proc. Nat. Acad. Sci. U.S.A., 36:48–49, 1950.

[79] NASH, J. F.: *Non-Cooperative Games.* Annals of Mathematics, 54:286–295, 1951.

[80] NEUMANN, J. VON: *Zur Theorie der Gesellschaftsspiele.* Mathematische Annalen, 100:295–300, 1928.

[81] NEUMANN, J. VON und O. MORGENSTERN: *Theory of Games and Economic Behavior.* Princeton University Press, Princeton, 1944.

[82] OSBORNE, M. J. und A. RUBINSTEIN: *A Course in Game Theory.* MIT Press, Cambridge, Massachusetts, 1994.

[83] POUNDSTONE, W.: *Prisonner's Dilemma: John von Neumann, Game Theory, and the Puzzle of the Bomb.* Doubleday, New York, 1992.

[84] RAPOPORT, A. und A. M. CHAMMAH: *Prisonner's Dilemma: A Study in Conflict and Cooperation.* University of Michigan Press, Ann Arbor, 2 Aufl., 1970.

[85] REZZORI, G. VON: *Die schönsten maghrebinischen Geschichten.* Rowohlt Verlag, Hamburg, 1953.

[86] REZZORI, G. VON: *Maghrebinische Geschichten.* Rowohlt Taschenbuch Verlag, 1994.

[87] RIECK, C.: *Spieltheorie: Einführung für Wirtschafts- und Sozialwissenschaftler.* Gabler Verlag, Wiesbaden, 1993.

[88] ROTH, A. E., V. PRASNIKAR, M. OKUNO-FUJIWARA und S. ZAMIR: *Bargaining and Market Behavior in Jerusalem, Ljubljana, Pittsburgh, and Tokyo: An Experimental Study.* American Economic Review, 81(5):1068–1095, 1991.

[89] RUBINSTEIN, A.: *The Electronic Mail Game: Strategic Behavior under "Almost Common Knowledge".* The American Economic Review, 79(3):385–391, 1989.

[90] SAMET, D.: *Hypothetical Knowledge and Games with Perfect Information.* Games and Economic Behavior, 17(2):230–251, 1996.

[91] SAMET, D.: *Counterfactuals in Wonderland.* Faculty of Management, Tel Aviv University, Tel Aviv, Israel, 1997.

[92] SAMET, D.: *Rationality, Counterfactuals and No-matter-what Theories.* Faculty of Management, Tel Aviv University, Tel Aviv, Israel, 1997.

[93] SELTEN, R.: *Spieltheoretische Behandlung eines Oligopolmodells mit Nachfrageträgheit.* Zeitschrift für die gesamte Staatswissenschaft, 121:301–324, 667–689, 1965.

[94] SELTEN, R.: *Reexamination of the Perfectness Concept for Equilibrium Points in Extensive Games.* International Journal of Game Theory, 4:25–55, 1975.

[95] SELTEN, R.: *The Chain-Store Paradox.* Theory and Decision, 9:127–159, 1978.

[96] SHUBIK, M.: *Does the Fittest Necessarily Survive?.* In: SHUBIK, M. (Hrsg.): *Readings in Game Theory and Political Behavior*, S. 43–46. Doubleday, Garden City, N. Y., 1954.

[97] SHUBIK, M.: *Game Theory in the Social Sciences: Concepts and Solutions.* MIT Press, Cambridge, Massachusetts, 1982.

[98] STEINHAUS, H.: *Mathematical Snapshots.* Oxford University Press, New York, 1969.

[99] THÉPOT, J.: *Irréversibilité et Décision Economique selon Gustave Flaubert*. Revue d'Economie Politique, 91:494–498, 1981.

[100] THUKYDIDES: *Der Peloponnesische Krieg*. Phaidon Verlag, Essen, 1993.

[101] WALDEGRAVE, J.: *Minimax solution to 2-person zero-sum game, reported 1713 in letter from P. de Montmort to N. Bernoulli*. In: BAUMOL, W. J. und S. GOLDFIELD (Hrsg.): *Precursors of Mathematical Economics*, S. 3–9. London School of Economics, London, 1968.

[102] WEIBULL, J. W.: *Evolutionary Game Theory*. The MIT Press, Cambridge, Massachusetts, 1995.

[103] WILLIAMS, J. D.: *The Compleat Strategyst: Being a Primer on the Theory of Games of Strategy*. Dover Publications, New York, 1986.

[104] ZERMELO, E.: *Über eine Anwendung der Mengenlehre auf die Theorie des Schachspiels*. In: HOBSON, E. W. und A. E. H. LOVE (Hrsg.): *Proceedings of the Fifth International Congress of Mathematicians*, S. 501–504, Cambridge, 1913. Cambridge University Press.

Sachwort- und Namensverzeichnis

A
Agentennormalform 54
assesment *siehe* Einschätzung
Atacke
— koordinierte 130
Aufteilung
— eines Kuchens 119
Aumann, R. 18, 124, 126, 131, 132
Axelrod, R. 92
Axelrod-Turnier 93

B
belief *siehe* Mutmaßung
beste Antwort
— des Palamedes 140
— für Faust 77
— für Lestiboudois 74
— für Mephisto 78
— für Schere-Stein-Papier 8
— im Chicken-Spiel 32
— im Dilemma des Wettrüstens 27
— im evolutionären Spiel 41
— mit zitternder Hand 52
Binmore, K. 132
Blefuscu 26, 27
Borel, É. 4, 123

C
Cardano, G. 4
Cavaradossi 90
Chicken 40
— Spiel 25, 30–34, 41

— Variante
— — Bertrand Russells 31
common knowledge *siehe* Gewißheit,
   –gemeinsame
counterfactuals *siehe* Entscheidungen,
   –wider den Lauf der Dinge

D
Dawid, H. 42
Dawkins, R. 24, 40
Differentialspiele 65, 74
Dilemma des Wettrüstens 25
Dodels Lohn 88
Dresher, M. 5, 18, 87
Duell 66, 67

E
Einschätzung 59
Ekeland, I. 123
Endknoten 13
Entscheidungen
— wider den Lauf der Dinge 117, 131
Entscheidungstheorie
— interaktive 18
Epeius 58
ESS (Evolutionär stabile Strategie) 41,
   42
extensive Form 15

F
Falke-Tauben Spiel 24
Faust 75–80

Feichtinger, G. 74
Fermat, P. de 4
Fitneß
— Darwinsche 24, 25, 40
— durchschnittliche 41
Fitneßmatrix 41
Flood, M. 5, 86

G
Galilei, G. 4
Gardner, M. 71
Gefangenendilemma 30, 86, 92, 99
— maghrebinisches 91
Geschichte
— des Spiels 13
Gewißheit
— Dogmen der gemeinsamen 130
— gegenseitige 126
— gemeinsame 85, 126–128
— — im *final problem* 122
— — in Littlewoods Rätsel 128
— — und der kakanische Maulwurf
    127
Glasperlenspiel 3
Gleichgewicht
— (trembling-hand) perfektes 51, 57
— — der Agentennormalform 55
— in streng dominanten Strategien 28
— in Verhaltensstrategien 113
— — des Odysseusspiels 144
— korreliertes 35
— nukleares (des Schreckens) 31
— perfektes bayesianisches 56
— sequentielles 56
— strategisches 20
— symmetrisches 34, 36, 38
— teilspielperfektes 47, 64, 108
Gleichgewichtsauswahl 39
Gleichgewichtsstrategie 20

H
Hackenbush 11–13, 15, 16
Harsanyi, J. 21, 22, 38, 137
Hartl, R. F. 74
Hesse, H. 3
Hirschjagdparabel 25, 37, 38
Humpty Dumpty 132, 133
Huygens, Ch. 4

I
Information
— vollkommene (oder auch perfekte)
    15
Isaacs, R. 18, 65

J
Jack the Ripper 151
James Dean 30

K
Kahn, H. 34
kardinale Nutzenwerte 25
Karlin, S. 18
Knuth, D. 71
Kohlbergs Dalek 53
kooperative Verhandlungslösung 20
Kuba–Krise 36
Kuhn, H. W. 43

L
Laokoon 58
Lestiboudois 72–74
Liliput 26, 27
Lohn des Verräters 88
Lord Stanley 44–47
Lord Strange 45, 47, 51
Löwe-Lamm Spiel 24

M

Maximin 68

Maynard Smith, J. 41

Mehlmann, A. 42, 74, 78

Mephisto 75, 77–80

Meuterei auf der Bounty 37

Minimax 68

— Theorem 68

Moore, E. H. 4

Morgenstern, O. 3, 4, 123

Mutantenstrategie 41

Mutmaßung

— für Seltens Pferd 60

— im Dalek-Spiel 56

— im sequentiellen Gleichgewicht 56

Méziriac, B. de 4

N

Nash, J. 20, 22, 87

Nash-Gleichgewicht 20

Nash-Programm 20

Neumann, J. von 3, 4, 43, 123

Nobelpreis 22

Normalform 6

— des Dalek–Spielbaumes 53

— des Schere-Stein-Papier Spiels 7

Normalformdarstellung 6, 21

Nullsummenspiel

— Zweipersonen- 7

O

Odysseus 133–140, 142, 144

Orakel von Delphi 35

P

Palamedes 135–142, 144

Pallas-Athene 58

Paradoxon

— Flaschenteufel- 115

— Handelsketten- 107

Pareto-effizienter Spielausgang 29

Pascal, B. 4

Perfektheit

— der zitternden Hand 51

Pfeildiagramm 32

Pontrjaginsches Maximumprinzip 74

Poundstone, W. 37

Professor Moriarty 5, 122, 123, 151, 154

R

RAND

— Gesellschaft 19

— Hymne 19

Rapoport, A. 90, 93

Rapoports Tosca-Paraphrase 90

Reaktionsfunktionen 32

Replikatoren 40

Richard III 44–52

Risikodominanz 39

Rousseau, J.-J. 37

Rubinstein, A. 130

Russell, B. 30

Rückwärtsrechnung 104

— im Markteintrittsspiel 107

— im Tausendfüßlerspiel 64

— Paradoxien der 85, 104, 114, 117, 131

S

Salomon 117

Salomons Urteil 118

Samet, D. 132, 133

Sattelpunktseigenschaft 68

Satz von Bayes 62

Scarpia 90

Schere-Stein-Papier 7, 8, 10, 11, 13

Selten, R. 21, 22, 38, 44, 47, 51, 107

Seltens Pferd 57, 58
Sherlock Holmes 5, 17, 122, 123
Shubik, M. 18, 70
Sicherheitsschwelle
— des Spiels 10
Sinon 58
Spiel
— evolutionäres 40
— extensives
— — mit unvollkommener Information 49
— kooperatives 6, 20
— mit unvollständiger Information 21
— nichtkooperatives 6, 20
— symmetrisches 8
— um Richards letzten Trumpf 48
Spielbaumdarstellung
— der Hackenbush Partie 12
Spielmatrix 7
— des Gefangenendilemmas 88
Spielwert 68
Stabilität
— evolutionäre 42
Strategie
— gemischte 9, 33
— im extensiven Sinne 16
— reine 9, 10, 29, 32, 33, 35
— schwach dominierte 28, 48
— streng dominante 28
— streng dominierte 28
strategische Form *siehe* Normalform

T
Telemach 139, 141–144
Thépot, J. 73
Timing-Spiele 30, 66
TitForTat-Strategie 93
Tosca 90
Tragödie der Allmende 101

Truell 69–71
Tucker, A. W. 5, 86–88

U
Ultimatumspiel 119

V
Vergil 58
Verhaltensstrategie 43
vollkommenes Erinnerungsvermögen 43
Vorwärtsrechnung 56

W
Waldegrave, J. 4
Willing, R. 78
Wurzelknoten 12, 13, 16, 47, 50

Glück oder Kalkül?

Lotto und andere Zufälle

Wie man die Gewinnquoten erhöht

von Karl Bosch
2. Aufl. 1997. XIV, 260 S. (Facetten) Geb.
ISBN-13: 978-3-322-85024-9

Aus dem Inhalt: Zufallsexperimente - Häufigkeiten - Chancengleichheit - kombinatorische Methoden - geometrische Wahrscheinlichkeit - allgemeine Wahrscheinlichkeit - Zufallszahlen und Simulationen - Unabhängigkeit - Mittelwerte - Zufallsvariable und deren Erwartungswerte, Gesetz der großen Zahlen - Bevölkerungsaufbau und Lebenserwartung (Sterbetafel) - "statistische Lüge" - Zahlenlotto.

Ziel des Buches ist es, Grundbegriffe aus der Wahrscheinlichkeitsrechnung und Statistik, die auch sonst im täglichen Leben oft benutzt werden, für jedermann möglichst anschaulich und verständlich darzustellen. Speziell werden folgende Bereiche behandelt: Zufallsexperimente, Häufigkeiten, Chancengleichheit, kombinatorische Methoden, geometrische Wahrscheinlichkeit, allgemeine Wahrscheinlichkeit, Zufallszahlen und Simulationen, Unabhängigkeit, Mittelwerte, Zufallsvariable und deren Erwartungswerte, Gesetz der großen Zahlen, Bevölkerungsaufbau und Lebenserwartung (Sterbetafel) und etwas über die „statistische Lüge". Die Chancen beim Lotto werden in einem sehr umfangreichen Anhang untersucht.

Abraham-Lincoln-Str. 46, Postfach 1547
65005 Wiesbaden
Fax: (06 11) 78 78-4 20, http://www.vieweg.de

Änderungen vorbehalten.
Erhältlich im Buchhandel
oder beim Verlag.